U0121053

吃辣

辣椒的中国史

A Cultural Biography

The Chile Pepper in CHINA

[美] 达白安——著
BRIAN R. DOTT

董建中——译

后浪

北京联合出版公司
Beijing United Publishing Co.,Ltd.

图书在版编目（CIP）数据

吃辣：辣椒的中国史 /（美）达白安著；董建中译
. -- 北京：北京联合出版公司，2023.9
ISBN 978-7-5596-7120-2

Ⅰ. ①吃… Ⅱ. ①达… ②董… Ⅲ. ①辣椒－饮食－文化－中国 Ⅳ. ① TS971.29

中国国家版本馆 CIP 数据核字 (2023) 第 122387 号

审图号：GS（2022）5907 号
北京市版权局著作权合同登记号　图字：01-2023-0999

吃辣：辣椒的中国史

著　　者：［美］达白安　　译　　者：董建中
出 品 人：赵红仕　　选题策划：后浪出版公司
出版统筹：吴兴元　　编辑统筹：杨建国
责任编辑：徐　樟　　特约编辑：王小平
营销推广：ONEBOOK　　装帧制造：墨白空间 · 杨和唐
排　　版：赵昕玥

北京联合出版公司出版
（北京市西城区德外大街 83 号楼 9 层　100088）
河北中科印刷科技发展有限公司印刷　新华书店经销
字数 120 千字　889 毫米 ×1194 毫米　1/32　9 印张
2023 年 9 月第 1 版　2023 年 9 月第 1 次印刷
ISBN 978-7-5596-7120-2
定价：68.00 元

谨以此书纪念我的父亲母亲，是他们教育我对自然界充满好奇之心

南希·罗伯逊·多特（Nancy Robertson Dott）

自然科学工作者

（1929—2018）

罗伯特·多特（Robert H. Dott, Jr.）

地质学者

（1929—2018）

目录

致 谢

这本书的准备、撰写与出版，得到了很多人的支持和帮助。我最早写作辣椒史时，萨拉·舍温（Sarah Scheewind）、吴一立（Yi-Li Wu）、罗友枝（Evelyn Rawski）都给出了宝贵建议和反馈意见。惠特曼学院（Whitman College）历史系的同人在本项目的各个阶段都提供了反馈意见。我在中国人民大学清史研究所、剑桥李约瑟研究所做报告时，听众提出了一些值得探索的问题，促使我做进一步的理解和分析。魏淑珠（Shu-chu Wei-Peng）、胡秋蕾、何冬晖帮助我理解艰深的文言文。赵文萃（Wencui Zhao）帮助我了解现代汉语的细微差别，并帮助我到中国去学习。中国人民大学清史研究所的董建中多次在北京接待我，在学术上和个人生活上为我提供便利条件。中国农业博物馆的徐旺生帮我查找关于辣椒研究的重要中文著述。王茂华介绍我留意黄凤池带插图的著作。项目的开始阶段，安纳莉丝·海因茨（Annelise Heinz）在学术上予以协助。

北京的王涛红厨师为我展示了各种烹饪方法，一起畅聊美食，令人兴奋，并教我如何在传统的不吃辣的地域寻找辣椒。中医师谭克唯（Alex Tan）帮我厘清了一些医学概念。四川大学的李永宪拓宽了我对辣椒在四川文化中的地位和作用的了解。他花时间陪我参观郫县（现为郫都区），加深了我对豆瓣酱的认识。哈佛燕京图书馆、华盛顿大学图书馆、北京大学图书馆善本室、中国国家图书馆的图书管理人员在寻找资料方面都提供了莫大的帮助。在惠特曼学院，珍·波普（Jen Pope）通过馆际借阅的方式获得了大量书籍，这项工作非常出色。哥伦比亚大学出版社的珍妮弗·克鲁（Jennifer Crewe）所做的文字编辑工作，使得本书更加可读。

惠特曼学院和历史系提供了旅费，使我可以多次赴中国考察，并前往华盛顿大学图书馆与哈佛燕京图书馆。薄莎莉（Sally Bormann）是出色的校订者，在多个方面帮助我，提供反馈意见，尤其是推动我更加深入思考问题，更好地写作。

除了特别注明者外，本书的英译内容都由我完成。

绪 论

辣椒红，辣椒尖，

辣椒辣得味道鲜。

——民谣*

中国菜要是没有辣椒？——不敢想象！可问题是，十六世纪七十年代之前中国根本就没有辣椒。各种辣椒，从甜的到极辣的，从长的、尖的到圆的，都原产于中美洲以及南美洲北部，因此，它们肯定是被引入中国的。写这本书，源于我在北京一家川菜馆享用辣的饭菜时的灵光一现，我自问："中国人是如何开始品尝辣椒这种有着如此强烈味道的新东西的呢？"我放眼望去，到处都是辣椒：老房子屋檐下挂着的干辣椒，玻璃做的辣椒装饰品与毛主席像一起挂在后视镜上，当代的音乐电视中，十八世

---

* 红森主编《辣味美食与健身》，天津科技翻译出版公司，2005，第 21 页。

纪的小说里。今天辣椒在中国太常见了，很多中国人认为它们乃土生土长。二十世纪中叶，毛泽东曾说，不吃辣椒不革命！[1]

二十一世纪时，在北京，我向一些中国的历史研究者介绍我的初步研究，他们中的许多人都惊讶于辣椒不是中国土产，有人问："我们喜欢的一些品种肯定是土生土长的吧?!"虽说过去几百年间中国人确实培育出了适合他们口味和需要的品种，但最开始辣椒确实是来自国外。在这本书中，我尽可能地多方面寻求两个貌似简单的问题的答案：第一，在中国，辣椒是如何从一种不起眼的外国植物演变成无处不在甚至"正宗"的调味品、蔬菜、药物、象征符号的；第二，中国人对辣椒的使用是如何改变中国文化的。

我充分利用各类资料，将辣椒的使用和对它认识的演变置于变动的文化脉络之中。辣椒融入中国文化之路，许多都超越了食物或药物等单个领域。其他美洲作物引入中国，是在当地精英和官员的公开赞助下，推广它们主要是看中了它们的热量或收益，而辣椒与此不同。事实上，精英作者往往无视辣椒的存在，更不必说会写到它们。不过，辣椒出现在各种各样的记述与体裁中，表明它们对中国文化的影响远远超出了烹饪领域。贯穿本书的一个重要主题是，中国人在接纳辣椒以适应特定的

1. Edgar Porter, *The People's Doctor: George Hatem and China's Revolution* (Honolulu: University of Hawai'i Press, 1997), 76.

国家、地域、个人条件和需要时，认识到了辣椒所具有的多用途。作为一种在菜园中非常常见的植物，确实可以说，它已经完全适应了异域环境而成为土生土长的植物。最终，辣椒的受欢迎程度甚至超过了本土的花椒。辣椒作为调味品，它的影响甚至改变了中文，使“辣”字的含义发生了变化，以至辣椒和“辣”交织在一起，不可分离。

辣椒融入医学分类体系对于它的传播和采用——不只是药用，而且也食用——具有根本性意义。辣椒提供了一个极好的窗口，可以借此观察精英医学文献所说的理论与经由实践而来的大众治疗技术之间的相互联系。除了作为药物治疗各种各样的疾病，辣椒还成了一种重要的日常食物补充，以全面维持身体健康。辣椒见诸最早的中文文献，出现在1591年，作者强调了它们的审美吸引力。一些后世文献也强调了人们喜欢在盆里种植辣椒，作为家里的装饰品。在当代，这种辣椒之美被应用到了某个圣地的纪念品以及新年的装饰品中。在文学甚至革命歌曲中，辣椒被用作人格特性或革命精神的隐喻。

尽管中国辣椒史的许多方面适用于全国大部分地区，但一些地域，特别是四川和湖南，辣椒已经成为地域身份——内部之人欣然接受，外部的人乐于认可——必不可少的组成部分。地域身份与国家身份一样，都是建构而成，而食物是此种建构身份的核心物之一。辣椒消费已经成为这两个地域重要的身份标签，辣椒对它们的文化产生了难以磨灭的影响。尽管辣椒被多方面地使用，但出于安排的考虑，本书每一章侧重于一种特别类型的采用或影响，在最后的结语部分，再将各章串联起来。

研究食物历史的所得，远不止于烹饪。文化人类学者伊格尔·科佩托夫（Igor Kopytoff）在一项对于“物”的学术分析的重要研究中，认为文化上的具体事物的传记将对象视为“一种文化的建构实体，赋予了文化上的特定意义，归入并重新归入文化上所建构的范畴”[1]。文化建构是指许多事物不是由它们的表象予以根本、具体地界定，而是由它们身处的环境、角色、期望和故事所塑造而成的系列意义。我对中国文化中辣椒的分析，与科佩托夫提出的“物的文化传记”提法相契合。我将以此种方式，考察中国人是如何将辣椒吸收并纳入已有的文化结构的。

辣椒是本书的关注所在，是贯穿本书的线索，这一引进的作物，提供了独一无二的镜头，透过它可以分析中国文化的变动内容，如性别和革命象征意义。通过考察食物，学者可以深入解析各种文化实践：食物在日常生活中的作用，烹饪和医学之间错综复杂的相互联系，人们不断变化的性别期待，政治对于流行符号的操控，地域身份差异的重要意义，以及与宗教仪式的联系。

---

1. Igor Kopytoff, “Cultural Biography of Things: Commoditization as Process,” in *The Social Life of Things: Commodities in Cultural Perspective*, ed. Arjun Appadurai (Cambridge: Cambridge University Press, 1986), 68.

就如同性别角色和国家神话是在文化上所建构的一样，被视为促成了“正宗”身份的——无论是国家的、地域的还是民族的——一种文化的内容也是如此。研究食物和文化的学者兼评论家法比奥·帕拉塞科利（Fabio Parasecoli）认为“某些食材、菜肴或传统在界定个人的和共有的身份时享有特殊地位……持续的博弈，在生产它们的共同体之内与之外，定义并重新定义了这些‘身份植物’”[1]。辣椒已彻底融入中国社会，以至于今天绝大多数中国人认为它乃土生土长，这意味着辣椒在引进后被采用、改造和重新定义，到了被认为是一种“正宗”的或说是中国文化必不可少的组成部分的程度。然而，辣椒在中国的这一建构而成的“正宗”历史，已经超越了菜肴的范畴；辣椒在中国不只是一种“身份食物”，因为它也用于医学和文学。如此，这一文化传记中的辣椒是一种“身份客体”。

对于辣椒在中国的文化影响进行细致研究并形成专著的时机已经成熟。目前，不见有这方面的英文专著。中文方面，有两篇厚重的史学文章和一本使用人类学方法写成的小册子。[2] 这两篇文章包含对于辣椒

1. Fabio Parasecoli, “Food and Popular Culture,” in *Food in Time and Place*, ed. Paul Freedman, Joyce Chaplin, and Ken Albala (Berkeley: University of California Press, 2014), 331–32.

2. 蒋慕东、王思明：《辣椒在中国的传播及其影响》，《中国农史》2005 年第 2 期，第 17—27 页；王茂华、王曾瑜、洪承兑：《略论历史上东亚三国辣椒的传播：种植与功用发掘》，（韩国）《中国史研究》第 101 辑（2016 年 4 月），第 287—330 页；曹雨：《中国食辣史：辣椒在中国的四百年》，北京联合出版公司，2019。

在中国的历史的重要见解，但限于篇幅无法深入分析辣椒引入的文化影响。曹雨在 2019 年出版了《中国食辣史：辣椒在中国的四百年》一书，根据实地调查，包含有关当代辣椒使用的有趣的民族地理信息，而这基本上不在我这本书的讨论范围。讨论历史的部分，曹雨的解释在两个关键地方与我不同。第一，曹雨认为，在中国境内传播辣椒的主要推动者是商人；而我认为农民起着主要作用。第二，曹雨所给出的辣椒最早作为调味品的时间，要晚得多，并且强调贵州是辣椒此种用途最重要的地方；与此不同，在本书中，我稽考文献，证明了中国人开始使用辣椒作为调味品，比曹雨所说早许多。此外，早期中国将辣椒作为调味品使用

图 0.1　市场上的各种辣椒。云南昆明，2017 年

在地理上要广泛得多。在关于中国食物和外国作物引进的著述中，辣椒通常最多只占几页篇幅。[1]辣椒在中国文化中的重要性，远比现在学术论述中所表达的重要得多。

尽管中国直到十六世纪七十年代才种植辣椒，但它们很快就广受欢迎。到 1621 年，已有材料提到它们已得到广泛种植。[2]十八世纪，有

---

1. 例子可见：E. N. Anderson, *The Food in China* (New Haven,Conn.: Yale University Press, 1988); Ho Ping-ti, "The Introduction of American Food Plants Into China," *American Anthropologist* 57, no. 2 (1955): 191–201; Thomas Höllmann, *The Land of the Five Flavors: A Cultural History of Chinese Cuisine* (New York: Columbia University Press, 2014); H. T. Huang, *Science and Civilisation in China*, vol. 6: *Biology and Biological Technology, Part 5: Fermentation and Food Science* (Cambridge: Cambridge University Press, 2000); James Lee and Wang Feng, *One Quarter of Humanity: Malthusian Mythology and Chinese Realities, 1700–2000* (Cambridge, Mass.: Harvard University Press, 1999); Sucheta Mazumdar, "The Impact of New World Food Crops on the Diet and Economy of China and India, 1600–1900," in *Food in Global History*, ed. Raymond Grew, 58–78 (Boulder, Colo.: Westview Press, 1999); Georges Métailié, *Science and Civilisation in China*, vol. 6: *Biology and Biological Technology, Part 4: Traditional Botany: An Ethnobotanical Approach* (Cambridge: Cambridge University Press, 2015); 闵宗殿：《海外农作物的传入和对我国农业生产的影响》，《古今农业》1991 年第 1 期，第 1—10 页；Frederick Mote, "Yüan and Ming," in *Food in Chinese Culture: Anthropological and Historical Perspectives*, ed. K. C. Chang, 193–257 (New Haven, Conn.: Yale University Press, 1977); Laura May Kaplan Murray, "New World Food Crops in China: Farms, Food, and Families in the Wei River Valley, 1650–1910," Ph.D. diss., University of Pennsylvania, 1985; Joseph Needham, *Science and Civilisation in China, vol. 6: Biology and Biological Technology, Part 1: Botany* (Cambridge: Cambridge University Press, 1986); Frederick Simoons, *Food in China: A Cultural and Historical Inquiry* (Boca Raton, Fla.: CRC Press, 1991); Jonathan Spence, "Ch'ing," in *Food in Chinese Culture: Anthropological and Historical Perspectives*, ed. K. C. Chang, 259–94 (New Haven, Conn.: Yale University Press, 1977); 王思明：《美洲原产作物的引种栽培及其对中国农业生产结构的影响》，《中国农史》2004 年第 2 期，第 16—27 页。

2. 见《食物本草》（1621 年），卷 16，第 12b 页。

的地方志编纂者甚至宣称辣椒已经“每食必用，与葱蒜同需”[1]。到中国任何一个集市逛逛（见图 0.1），都可以看到辣椒现在是中国文化中活力无限、无处不在的组成部分。使用辣椒的影响远远超出了烹饪。毛泽东把包括他在内的湖南人的革命激情与吃辣椒联系在一起。当代著名的流行歌手宋祖英在歌曲《辣妹子》中宣称：“抓一把辣椒，会说话。”[2] 十八世纪的小说《红楼梦》中一个重要女性人物，泼辣、无视性别约束，就与辣椒有关。饭桌上美味佳肴里的辣椒，它们的辣有助于人体适应高湿环境，辣椒的形象装饰着海报和门口，从隐喻上看，它们象征着革命的男性和激情四射的女性。辣椒现在是中国文化中鲜活的甚至是正宗的组成部分。

1.《镇安县志》（陕西省，1755 年），卷 7，第 13a 页。

2. 宋祖英（演唱），徐沛东（作曲），佘致迪（作词）：《辣妹子》，收入《经典精选》，第 1 首，广州新时代影音公司，1999。

第一章

名字与地点

——辣椒如何来到中国的“家”

番椒：出蜀中，今处处有之。

——《食物本草》，1621 年*

尽管辣椒起源于国外，但中国人在辣椒的引进和传播中，都扮演着不可或缺的角色。可能是中国的商人、海盗、走私者或水手最早从东南亚把辣椒带到中国中部沿海地区。在东北，中国的农民很可能是从毗邻的朝鲜北部的农民那里学会了种植辣椒。辣椒一经引进，就以不同于其他美洲作物的方式在当地传播。与作为精英大力提倡的一种救荒之道或作为一种生财的方式得以兴盛不同，辣椒广受欢迎，首先是在地方上——自下而上——自家园圃中生长。

辣椒如何“回家”到达中国的故事，要从它们是如何从美洲来到东南亚讲起。载有来自不同国家和地区船员的船只，在运输这一香料、蔬

---

*《食物本草》(1621 年)，卷 16，第 12b 页。

菜、药品的过程中发挥了不可或缺的作用。它们从东南亚的引进则更为间接，远不如其他美洲作物那样大张旗鼓。辣椒实际上几乎是免费的，这种能够家种的园圃植物，击败并替代了需要花钱购买的香料，不同于那些被引进的烟草等经济作物或胡椒等热带贸易香料。要揭示辣椒进入中国的可能地点，就要仔细考察它们的命名方法和地理条件。

温暖全球：辣椒在全世界的传播

辣椒原产于中美洲和南美洲北部。它与马铃薯、番茄、烟草等美洲作物一样，属于茄科植物（Solanaceae family）。这一科植物也包括致命的颠茄（原产于北美和欧亚大陆）和茄子（原产于南亚或东南亚）。茄子自公元四世纪被引进后，在中国烹饪中得到广泛使用。[1]有些中国人认识到了辣椒和茄子的密切关系。辣椒的一个早期名字是“辣茄”[2]。辣椒属于茄科辣椒属（*Capsicum*）。全世界的各种辣椒都来自几种已识别出的辣椒品种，而中华帝国晚期（约 1500—1920 年，是在社会和文化意义

1. Frederick Simoons, *Food in China: A Cultural and Historical Inquiry* (Boca Raton, Fla.: CRC Press, 1991), 169; Edward Schafer, “T’ang,” in *Food in Chinese Culture: Anthropological and Historical Perspectives*, ed. K. C. Chang (New Haven, Conn.: Yale University Press, 1977), 93.
2. “辣茄”一词最早见于 1671 年刊行的一部浙江地方志《山阴县志》，卷 7，第 3a 页。

上来讲的）引入的可能全都是 *Capsicum annuum*。[1] 这一品种是一年生植物，在中国绝大部分地区必须每年重新栽种。在亚热带或热带地区，有些一年生植物可以像多年生植物一样。如在中国南方的部分地区，一年生辣椒可能像多年生植物（包括木本植物茎），使得一些研究人员相信早期引进的一些辣椒来自 *Capsicum frutescens* 这一品种。然而，密苏里植物园的吴征镒、彼得・雷文（Peter Raven）在《中国植物志》（*Flora of China*）一书中，得出了信实的结论：所有早期引种的都是 *Capsicum annuum*。[2] *Capsicum annuum* 有许多不同的品种，形状和辣味差异很大。这一品种的辣椒气候适应能力很强，在中国内地的很多地区能很好地生长。它们在干旱和潮湿的气候下生长良好。与这一科植物的成员——时常有毒的番茄、马铃薯——最初引进欧洲一样，一些早期东亚地区的作者认为辣椒特别危险，不能食用（尽管这些人同时记录了辣椒的栽培）。

欧洲人的探险、扩张和贸易是美洲作物向世界其他地区传播的始因。克里斯托弗・哥伦布（Christopher Columbus）在他 1492—1493 年第一次航行日记中提到了辣椒："也有很多 axi（阿西），就是他们所说的辣椒，比胡椒更有价值，这里无之不食，因为他们觉得它对健康极

---

1. Wu Zhengyi and Peter H. Raven, eds., *Flora of China*, vol. 17: *Verbenaceae Through Solanaceae* (St. Louis: Missouri Botanical Garden, 1994), 313.（*Capsicum annuum* 是辣椒的拉丁学名。——译者）

2. Wu and Raven, *Flora of China*, 17:313.

有好处。在伊斯帕尼奥拉（Hispaniola），每年有五十艘快帆船都装满了辣椒。”[1]（见地图 1.1）axi 或 ají 是阿拉瓦克语（一种加勒比海当地语言）对辣椒的西班牙语音译。Chile（辣椒）一词来自阿兹特克或纳瓦特的命名。[2] 不清楚哥伦布在第一次旅行中是否将“阿西”带回了西班牙。[3] 即使他第一次航行时没有带回，那么在他 1493—1496 年的第二次航行中也极可能将其带回了西班牙。

1494 年 2 月，哥伦布派 12 艘船从伊斯帕尼奥拉返回西班牙，这些船于 1494 年 4 月抵达。所载回的物品中，有一封关于伊斯帕尼奥拉民族地理的信，其中就有对辣椒的描述。这封信由舰队医生迭戈·阿尔瓦雷斯·昌卡（Diego Alvarez Chanca）所写。[4] 考虑到 12 艘船的承载量，以及哥伦布、昌卡对于辣椒的兴趣，有理由相信辣椒是在 1494 年引进西

---

1. 见 1493 年 1 月 15 日条。Christopher Columbus, *The Diario of Christopher Columbus's First Voyage to America 1492–1493*, trans.Oliver Dunn and James E. Kelley, Jr. (Norman: University of Oklahoma Press, 1988), 340–41.

2. Capsicum 的英文可以有三种拼写法：chile、chili 和 chilli。我选用 chile，因为它符合墨西哥的拼写并且这一拼写也在餐饮书写中居主导地位。（本书的行文中作者使用 Chile 或 Chile Pepper 指称辣椒，强调“辣”椒时，用 spicy pepper。——译者）

3. Jean Andrews 指出西班牙宫廷的一位教师 Pietro Martire de Anghiera，也以 Martyr 闻名，在 1493 年写到了辣椒。Andrews 暗指，他只是从不同服务人员那里听说了辣椒。Jack Turner 暗指 Maytyr 实际上见到并尝过由哥伦布带回的辣椒。Jean Andrews, *Peppers:The Domesticated Capsicums* (Austin: University of Texas Press, 1995), 3; Jack Turner, *Spice: The History of a Temptation* (New York:Vintage, 2004), 11。

4. Andrews, *Peppers*, 3.

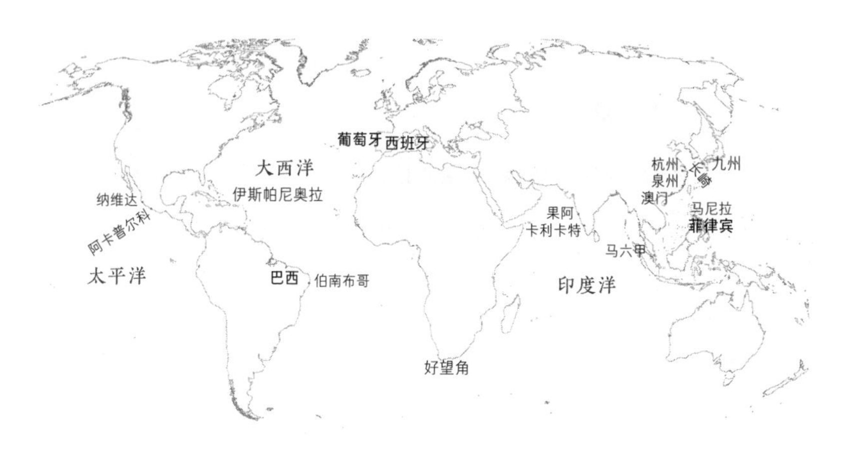

地图 1.1　十六世纪时的世界。笔者利用 ESRI ArcMap, v. 10.0 制作（本书地图均系原文插附地图）

班牙的。尽管哥伦布盛赞辣椒“比黑胡椒更有价值”，但作为一种香料，辣椒起初在西班牙并不受欢迎，也从未作为贸易商品横渡大西洋。事实上，在西班牙，辣椒的早期用途是作为装饰性植物，许多是在修道院花园中种植，因为它们具有审美吸引力。[1] 中国精英最初使用辣椒，同样强调它们的审美作用，而不是食用或药用。

辣椒能够很好地在温带生长，一旦在西班牙落地生根，就能自我繁殖，进一步的进口就成为多余。这使得辣椒与胡椒或肉豆蔻等香料贸易品大不相同，那些都需要热带气候条件，不得不持续进口到欧洲和中国

1. Andrews, *Peppers*, 4n.

等地。而辣椒可以在多种气候下生长，这令那些想通过这种香料贸易大发其财的人大失所望。[1]

不可能准确地说出辣椒到达亚洲任何地点的具体时间。同欧洲的情形一样，没有任何证据表明，西班牙人或葡萄牙人曾把辣椒作为贸易商品运至亚洲。可能的情形是，它们是载在船上厨房，作为船员或仆役餐饭的调味品。植物学家亨利·里德利（Henry Ridley）在写于二十世纪三十年代的《世界各地的植物传播》（*The Dispersal of Plants Throughout the World*）一书中，就暗示了在南亚和东南亚的这种传播方法。[2]辣椒全球史传播研究的专家琼·安德鲁斯（Jean Andrews），几乎肯定是建立在里德利看法的基础之上，也认为辣椒通过"食材残渣中的种子"不经意间传播，作为在亚洲部分地区散布的一种可能情况。[3]只需要少量种子就可以使辣椒在不同的停靠港口生根发芽。

辣椒第一次到达欧洲，也就是到达西班牙之日，几乎可以肯定就是葡萄牙船只开始将它们运往亚洲之时。葡萄牙人在十五世纪七十年代已沿非洲西海岸探险，1488年巴尔托洛梅乌·迪亚士（Bartolomeu Dias）

---

1. 例子见 Andrew Dalby, *Dangerous Tastes: The Story of Spices* (Berkeley: University of California Press, 2000), 90; John Keay, *The Spice Route, a History* (London: John Murray, 2005), 250; Turner, *Spice*, 12。

2. Henry Ridley, *The Dispersal of Plants Throughout the World* (Ashford, UK: L. Reeve, 1930), 396.

3. Jean Andrews, *The Pepper Trail: History and Recipes from Around the World* (Denton: University of North Texas Press, 1999), 25, 224n25.

绕过好望角。安德鲁斯认为，葡萄牙人沿非洲东海岸输出辣椒，这发生在 1494 年与达·伽马（Vasco da Gama）的印度洋航行（1497—1498 年）之间。[1]1498 年达·伽马率领下的葡萄牙船队抵达卡利卡特（Calicut），这是他们第一次来到印度。可以说，1498 年可能是辣椒引入亚洲的最早时间。1500 年葡萄牙人首次登陆巴西。从此之后，除了经由西班牙的间接渠道，葡萄牙人可以直接获得辣椒及其他作物。也可能是葡萄牙人的船上有着来自巴西的船员，这些人很可能将辣椒带上船，给饭菜调味。

葡萄牙人很快就掌控了印度洋周边的贸易。1510 年，他们占领了位于印度西海岸的中心地带果阿的主要贸易中心。辣椒可能是在这之后不久，也许是在十六世纪二十年代引入的，因为“到了 1542 年，在印度生长有三种不同的辣椒，主要集中在西海岸，尤其是果阿。辣椒先是在孟买家喻户晓，名叫果阿辣椒（*Gowai mirchi*）。克卢修斯（Clusius）在他的《异物志》（*Exoticorum*，1605）中提到，辣椒也在印度种植，名叫伯南布哥（巴西港口城市）辣椒”[2]。这一引进可能也是偶然的，不是把辣椒当作商品来交易。辣椒从印度，经由陆地或海洋传播到缅甸。1511 年葡萄牙人征服靠近马来半岛顶端的马六甲，扩张至东南亚。马六甲已是繁

1. Andrews, *Peppers*, 5.

2. David Burton, *The Raj at Table: A Culinary History of the British in India* (London: Faber and Faber, 1993), 6.

荣的贸易中心，这里汇聚了来自阿拉伯、孟加拉、中国、菲律宾、古吉拉特、爪哇、马来、波斯、琉球、泰米尔、泰国等地的商人。[1]辣椒是在1540年到达这一东南亚港口的。[2]

葡萄牙商人从马六甲出发，最早是在1514年抵达中国南方。1522年，在葡萄牙采取了许多富有攻击性的行动（如未经许可修建堡垒并奴役中国人）之后，明朝政府禁止他们在中国贸易。尽管有此禁令，但葡萄牙商船继续——当然是非法地——在中国东南和中部沿海港口进行贸易，包括漳州、泉州、宁波。[3]1554年中葡贸易正式恢复，1557年明朝政府允许葡萄牙人在澳门建立活动基地。[4]

西班牙人在1521年第一次到达菲律宾，这是他们第一次来到东亚。在环球航行途中的斐迪南·麦哲伦（Ferdinand Magellan），声称这些岛屿属于西班牙国王，但没有建立任何定居点。十六世纪中叶西班牙人在菲律宾建立了一个定居点，以与葡萄牙人在香料贸易中相抗衡，但都徒

---

1. M.A.P. Meilink-Roelofsz, *Asian Trade and European Influence in the Indonesian Archipelago Between 1500 and about 1630* (The Hague:Martinus Nijhoff, 1962), 32, 36, 42.
2. Ridley, *Dispersal of Plants*, 396.
3. Ho Ping-ti, "The Introduction of American Food Plants Into China," *American Anthropologist* 57, no. 2 (April 1955): 192.
4. Chang T'ien-tsê, *Sino-Portuguese Trade from 1514–1644: A Synthesis of Portuguese and Chinese Sources* (New York: AMS, [1934] 1973), 88–91.

劳无果。[1] 直到西班牙人决定将他们的美洲殖民地"新西班牙"直接穿越太平洋与菲律宾建立联系，才终于成功地在菲律宾建立了永久定居点。这些跨太平洋航行的船只通常被称为马尼拉大帆船（Manila Galleons）。1564 年 11 月，第一支船队从今天墨西哥南太平洋海岸的纳维达港（位于阿卡普尔科以北）出发，于 1565 年 2 月抵达菲律宾。1571 年，西班牙在菲律宾的权力机构所在地迁至马尼拉，从此马尼拉成为西班牙人在东亚的主要贸易中心。[2] 在 1815 年之前，马尼拉大帆船继续横渡太平洋，一些船队继续使用纳维达港，而大多数船队使用的是阿卡普尔科港。菲律宾历史学家卡洛斯·基里诺（Carlos Quirino）认为，上面提到的第一支船队一半船员由克里奥尔人、混血梅斯蒂索人、中美洲土著人组成。[3] 其中一些人可能习惯于每天吃辣椒，因此备办食物时，会在大帆船厨房里储备辣椒。另外，此后的航行中，有钱的乘客会携带巧克力。[4] 这应该是按照中美洲流行的式样制作的，其中含有辣椒。因此，大帆船上的许多人都有理由为了个人的消费，携带辣椒横跨太平洋，但没有人像哥伦

1. William L. Schurz, *The Manila Galleon* (New York: Dutton, 1939),20–21.

2. Schurz, *Manila Galleon*, 22–23, 25.

3. Carlos Quirino, "The Mexican Connection: The Cultural Cargo of the Manila-Acapulco Galleons," paper presented at the Mexican-Philippine Historical Relations Seminar, New York City, June 21,1997, http://filipinokastila.tripod.com/FilMex.html.

4. Schurz, *Manila Galleon*, 268; 也见 Marcy Norton, "Tasting Empire: Chocolate and European Internalization of Mesoamerican Aesthetics," *American Historical Review* 111, no. 3 (June 2006):660–91.

布曾经想象的那样，用它们做贸易。

1514 年之后，葡萄牙人有机会将美洲作物引进中国；西班牙人可能在 1565 年才开始这样做。此外，来自一些地区和民族的商人也有同样的机会。说成是葡萄牙、福建或荷兰的商人或船只，肯定简单明了，但十六世纪在亚洲进行贸易的大多数船只的船员都来自不同国家和地区。英国航海家威廉·亚当斯（William Adams）[1] 实际上是乘坐一艘荷兰船抵达日本的。英国的“丁香号”（*Clove*）于 1613 年抵达日本平田，“载有七十四名英国人，一名西班牙人，一名日本人，五名印度人”。[2] 应该说，即便一艘葡萄牙或西班牙船将辣椒带到马六甲或马尼拉，但携带辣椒或辣椒种子的实际上仍可能是来自其他国家的船员。罗德里希·普塔克（Roderich Ptak）是专门研究东亚和东南亚海上贸易史的历史学者，指出在东南亚包括菲律宾，到十六世纪末，中国人的数量远远超过其他外来人口。[3] 另一位历史学家埃里克·塔利亚科佐（Eric Tagliacozzo）专门从事东亚和东南亚的海上贸易研究，展示了中国人在印度尼西亚、马

---

1. William Adams 是历史上的人物，James Clavell 把他写进小说《将军》（*Shōgun*，1975）做主角。

2. Marguerite Wilbur, *The East India Company and the British Empire in the Far East* (New York: R. R. Smith, 1945).

3. Roderich Ptak, “Ming Maritime Trade to Southeast Asia, 1368–1567:Visions of a ‘System,’” reprinted in Ptak, *China, the Portuguese, and the Nanyang: Oceans and Routes, Regions and Trade (c. 1000–1600)*, vol. 1 (Aldershot, UK: Ashgate Variorum, 2004), 191.

来亚（Malaya）、菲律宾和中国东南沿海之间从事着大量的海洋产品贸易。[1]因此，很可能是中国船员或商人从东南亚的一些地区，将包括辣椒在内的许多美洲作物，引进中国中部和东南沿海地区。

中国商人尤其是福建商人，与东南亚和印度洋周边地区有着悠久的远洋贸易历史。许多福建人移居东南亚的各贸易港口，尤其是十五世纪初郑和下西洋期间。郑和是中国著名的海上指挥官，率领庞大的外交船队，在1405—1433年间，从中国出发，进入印度洋，停靠在印度尼西亚、印度、东非、波斯湾各港口。相当多的福建人加入这些阵容庞大、豪华的使团，选择定居在亚洲的其他地区。中国对南亚和东南亚的许多产品有着需求，使得海上贸易有利可图。例如，黑胡椒是中国商人从马六甲等港口运至中国东南沿海的重要贸易品。[2]1372年，明朝政府禁止中国商人出国贸易，但这一限制只是导致了非法贸易和海盗活动猖獗。[3]事实上，走私和海盗活动最终导致明朝政府在1567年撤销了禁令。据普塔克的研究，禁令解除后，福建商人“立即利用这些有利条件，将他们

---

1. Eric Tagliacozzo, “A Sino-Southeast Asian Circuit: Ethnohistories of the Marine Goods Trade,” in *Chinese Circulations: Capital, Commodities, and Networks in Southeast Asia*, ed. Eric Tagliacozzo and Wen-Chin Chang (Durham, N.C.: Duke University Press, 2011),434–37.

2. Ptak, “Ming Maritime Trade,” 1:180–81.

3. John D. Langlois, Jr., “The Hung-wu Reign,” in *The Cambridge History of China*, vol. 7: *The Ming Dynasty, 1368–1644, Part 1*, ed. Frederick W. Mote and Denis Twitchett (Cambridge: Cambridge University Press, 1988), 168–69.

的贸易极大地扩展至东南亚和日本”。他进一步指出，福建商人在东南亚、九州岛、菲律宾北部等海外华人间扮演了重要的纽带作用。[1] 因此，合法或非法的福建商人以及他们来自不同国家和地区的船员，可能是十六世纪进入中国的美洲作物的转运者。

地方志是新作物的关键史料来源

对中华帝国晚期包括新植物的引进在内的地方现象或活动进行历史研究，地方志是必不可少的资料。[2] 在帝国晚期出版业繁荣时期，地方志数量激增。晚明的地方志有不少存留至今，清朝时这种体裁真正大量涌现。大多数地方志是依县、州、府、省等政治辖区编写，通常每五十年到一百年修订一次。富裕地区地方志的修订间隔往往更短。修订时通常会从上一版直接抄录大量内容，而更大范围也就是更高层级辖区的地方志，通常是合并较小也就是较低层级的地方志材料。典型的做法是，每次修订都由来自当地的精英团队编纂，刊印通常由相应的政府部门承担。

---

1. Ptak, “Ming Maritime Trade,” 1:187.
2. 对于地方志的出色研究，见 Joseph Dennis, *Writing, Publishing, and Reading Local Gazetteers in Imperial China, 1100–1700* (Cambridge, Mass.: Harvard University Asia Center, 2015)。

本书所使用的主要是地方志的“物产”部分。大多数地方志的物产部分又分为许多类别，通常包括麦、蔬、果、木、花、竹、货、金、药、兽、鸟、鱼等等。有些条目可能只包含名字，两三个汉字而已，而有的会包含多达一两页的描述和评论。开列有辣椒的地方志，大多数只给出一个名字，或可能还有“亦名”“又名”“一名”。辣椒条目篇幅最长的有一页。尽管这些地方志中的信息量并不算丰富，但对于我的研究无疑极其重要。

地方志的“物产”部分经常描述当地的非精英用途的事物。明清官僚体系都采用回避制度（官员不能在家乡所在省份任职）作为反腐败的手段。因此，地方志就包含了当地风俗、惯例、信仰、作物、制品的基本信息，这些都有助于官员们了解他们将要赴任的地方。1550 年的一部地方志纂修者评论：“方志在手，士大夫就能够观察与了解当地人。”[1] 书中提到“土人”（local）所作所为时，对于所描述的话题都暗含阶层，通常“土人”指的是“非精英的当地人”。因此，地方志中辣椒的烹饪使用方法与描述，常常可能被解读为纂修精英对社会下层使用的认知。

地方志中有关辣椒的材料表明，它们在特定时间特定地点生长。长篇幅的条目会明确种类，描述烹饪方法，给出药用治疗情况，或揭示消

1.《天长县志》（安徽，1550 年），引自 Dennis, *Writing, Publishing, and Reading*, 252，这里也引用了其中的英译。

费的阶层差异。中国内地所有省份的地方志都录有辣椒。对于大多数省份来说，已知最早的史料来源是地方志。只有少数省份，关于辣椒的唯一史料来源是地方志。

一般说来，一种作物能被地方志收录，必须达到一定的产量，能在市场上售卖。明清史学家何炳棣明确指出："一种新作物的种植需要相当长的时间才能达到足以载入地方志的规模。"[1] 因此地方志中出现花生或辣椒这样的新作物，可能意味着这个地方的人们为了个人用途已经种植有一些时间了。这种植物能在市场上买得到，但编纂地方志的精英可能只去访查县治所在地的大规模市场，而忽略一些地方市场。最后一点是，即使主要市场上花生或辣椒成堆，也不能保证"物产"部分的编撰者会收录它们。所以尽管地方志"物产"部分对于新作物的研究极有价值，但不收录某种作物并不意味着不能随处得到它们。

美洲作物到达中国

其他来自美洲（北美洲、中美洲、南美洲）的作物，提供了辣椒进入中国路线的一些可能的线索。不过，几乎可以肯定的是，辣椒的引进

1. Ho, "The Introduction," 194.

要晚于美洲那些主要的可食用作物。花生在中国已知的最早有时间的记录来自1539年江苏常熟县的地方志，常熟位于苏州以北，就在长江之南。[1]何炳棣认为，要么是葡萄牙人直接引进花生，要么是福建商人将它从东南亚带来，而此前葡萄牙人已将花生引进了东南亚。[2]美洲作物在引进中国一些年头之后，可能才出现在任何的书面记录中。对于花生的引进来说，十六世纪二十年代是合理的估计。

何炳棣证明，甘薯从两个方向进入中国，是在1594年之前的几十年间，而这个时间是之前学术研究所给出的。1594年甘薯引起了福建巡抚的注意，不过，根据其他史料，很显然在巡抚注意之前，甘薯已经得到种植。[3]引进的路线之一可能是通过海路进入福建，另一条可能是从缅甸经陆路进入云南。1563年的一部云南地方志是已知中国最早记录甘薯的。[4]同样，甘薯出现在地方志之前，很可能至少已种植了十年，所以有理由相信它的引进是在十六世纪五十年代。

1.《常熟县志》（江苏，1539年），卷4，第31a页。见Ho, “The Introduction,” 192。要指出的是，尽管我说这地方志是江苏省的，但明朝（1368—1644年）和清朝（1644—1911年）的省界实际上并不完全一致。不过，为了持续地显示来自美洲的各种作物在这两个时期是如何在中国内部迁移，以及简明地解释这些迁移并绘制出辣椒的迁移，我选择1820年清朝的省界为标准来标记这些地名。我也利用了“中国历史地理信息系统”（China Historical GIS）来绘制1820年的地图。

2. Ho, “The Introduction,” 192.

3. Ho, “The Introduction,” 193.

4. Ho, “The Introduction,” 194.

何炳棣将1555年河南的一部县志确定为中国最早记录玉米的材料。他指出："此地远离东南沿海以及滇缅边境这两个可能是新大陆作物由此进入中国的地区，既然对于一种新作物来说，要花相当长时间的种植才能达到被地方志记录的程度，因此有理由认为玉米引进中国，至少是在它第一次被记录的前二三十年。"[1] 这将玉米的引进设定在十六世纪二三十年代。

中国最早的烟草种植记录来自福建，时间是在1611年。[2] 这一资料的作者姚旅（1573—1620年），声称烟草是从吕宋（位于菲律宾）引进，当时产量很高，以至于反而向吕宋出口。[3] 卡罗尔·本尼迪克特（Carol Benedict）认为烟草如上面讨论的其他作物一样，要达到这样的产量水平，应该在之前的十六世纪五十年代引进中国并得以种植。[4] 可以说，这四种美洲作物很可能是在十六世纪二十年代到六十年代间引进中国的。一些先从陆路经由缅甸进入云南，一些沿中部或东南海岸进入。对于这种沿海的引进，葡萄牙或福建商船极可能是最初的联络者。

1. Ho, "The Introduction," 194.

2. Carol Benedict, *Golden-Silk Smoke: A History of Tobacco in China,1550–2010* (Berkeley: University of California Press, 2011), 7.

3. 姚旅：《露书》（1611年），卷10，第46a页（704页）；也见Benedict, *Golden-Silk Smoke*, 19。

4. Benedict, *Golden-Silk Smoke*, 2, 19.

辣椒进入中国

蒋慕东、王思明关于辣椒的重要文章认为，辣椒进入中国主要有三个点：从东南亚进入中部沿海地区，从朝鲜进入东北地区，经由荷兰人进入台湾。[1]我自己的研究，包括分析每个省的最早史料，每个地域居优势地位的命名情况，以及辣椒的可能传播路线，都证实了辣椒从这三个点进入中国的结论（见地图 1.2，显示中国部分省份文献最早提到辣椒的时间）。[2]最有可能是辣椒进入中国的三个区域，都有它们自己最早的称呼这种新物种的名字。这些不同的名字是支持多点进入的重要证据，也反映了当地人是如何欣然接纳这一外来植物并使之成为自有的东西的。起初的三种主要描述用词聚焦于：外国起源，当地烹饪中主要是替代作用，以及更多的本国、本地域的联系。这些都是这一来自美洲的香料开始从一种无足轻重的迁移物转变为地域性的家庭生长的“正宗”土生之物的多重的、不同的关键方面。

---

1. 蒋慕东、王思明：《辣椒在中国的传播及其影响》，《中国农史》2005 年第 2 期，第 18—19 页。

2. 除了依省份在地图上标出最早记录外，我也尝试使用施坚雅（G. William Skinner）的“大区”（macro Regions）这种大范围模型。此外，我尝试在一个更细致的层次上——以府为单位——绘出最早的文献。但这种地图绘制不太能揭示引进以及传布的模式，因此我也就不在本书中做展示。

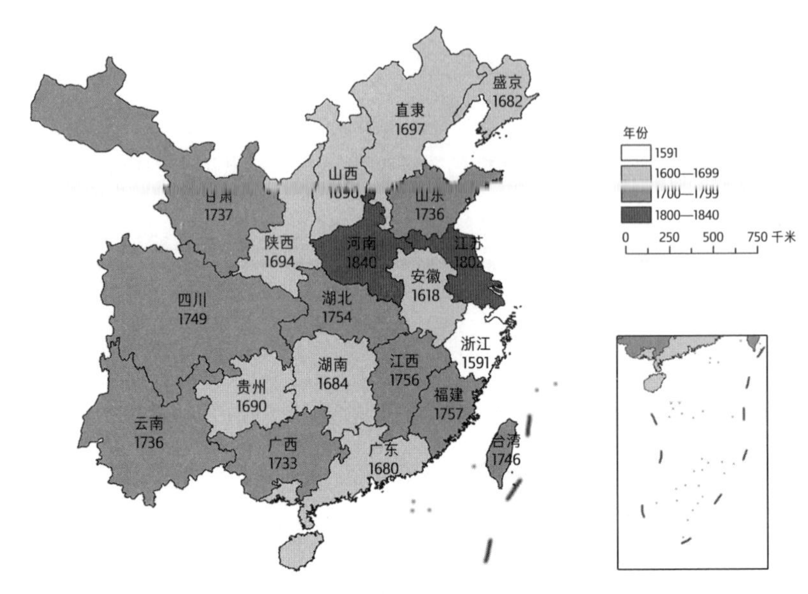

地图 1.2　各省文献最早提到辣椒的时间。笔者制图，使用的是“中国历史地理信息系统”（China Historical GIS, v. 4.0，1820 年边界）以及 ESRI ArcMap, v. 10.0

这些引进作物中的每一个，都难以指明具体的引进时间。如上所述，地方志通常是追踪新作物引进的极好资料来源。然而，最早提到辣椒（1591 年）与辣椒第一次出现在地方志中（1671 年）存在着巨大时间差，要精确找出辣椒引进的时间，地方志并不是一种特别可靠的资料来源。此外，在一些地方，辣椒很有可能被多次引进。何炳棣的主张——新作物很可能在多个地方被多次“引进”——相当有说服力：“相信某种植物引进一个新的地区只有一次，而且只沿着一条路线，这很愚蠢。一种新植物可能在一个地区很快广为人知，而在另一个地区却长期为人忽视。有时只有反复试错，新的植物才能落地生根。”[1] 根据每个区域最早的资料、国际贸易条件以及亚洲其他地区的引进时间，下面我给出了辣椒最早到达这三个区域的可能时间。地图 1.3 显示了这三个进入点。

辣椒到达东南亚马六甲地区是在 1540 年。考虑到当时的贸易模式，辣椒引进中国极可能是在此之后。中国已知最早的辣椒记录来自浙江杭州，是在 1591 年。[2] 此外，已知最早在地方志中提到辣椒的是 1671 年邻近杭州的一个府的地方志，这个府也属于浙江。[3] 如此看来，辣椒从东南亚某地引进中国中部沿海，很显然存在着一条路线，而且几乎可以肯定

---

1. Ho, “The Introduction,” 195.

2. 高濂：《遵生八笺》（1591 年），卷 16，第 27b 页，收入《四库全书珍本九集》第 225—232 册，台北商务印书馆，1979。这是我找到的关于辣椒的最早文献，这在辣椒的中文研究中也被认为是最早的，包括蒋慕东、王思明：《辣椒在中国的传播及其影响》，第 17 页；王茂华、王曾瑜、洪承兑：《略论历史上东亚三国辣椒的传播：种植与功用发掘》，第 296 页；蓝勇：《中国古代辛辣用料的嬗变、流布与农业社会发展》，《中国社会经济史研究》2000 年第 4 期，第 17 页；《中国农业百科全书》，农业出版社，1995，第 181 页；闵宗殿：《海外农作物的传入和对我国农业生产的影响》，《古今农业》1991 年第 1 期，第 7 页。胡乂尹在她文章的一开始，专门将高濂 1591 年的著作视作中文对辣椒的最早记述（《辣椒名称考释》，《古今农业》2013 年第 4 期，第 67 页）。然而，她在文章的后面，也提到了 1559 年的一部地方志是最早记录辣椒的（第 73、74 页）。这一地方志“蔬菜”部分的这一条目只是开列了“辣角”这个名字，没有其他的描述（卷 1，第 9b 页）。不过，它是归为“野生”类蔬菜。这一最早的文献将一种引进的植物描述为野生的，实在令人费解。这一条目几乎可以肯定指的是一种本土的植物。例如，辣角也是一种土生的龙葵（*Solanum nigrum*）的别称，龙葵有的地方可以食用，中药也常见。

3. 绍兴府《山阴县志》（浙江省，1671 年），卷 7，第 3a 页。见前一个注，反驳了胡乂尹认为还有更早的地方志含有辣椒的说法。

是最早的。考虑到引进与书面记载间可能会有时间上的延迟，那么辣椒第一次出现在中部沿海地区可能是在十六世纪七八十年代，与烟草的可能引进时间有着重叠。这意味着辣椒很可能来自马六甲地区，或来自菲律宾，因为第一批西班牙大帆船横渡太平洋是1565年抵达这里，也可能两者兼而有之。中国植物学家胡秀英（Shiu-ying Hu）认定，辣椒“十七世纪时由西班牙人引进菲律宾，然后由居住在那里的华侨引进中国”。[1]这一路线当然有可能，但胡秀英没有引述任何史料来证实这一说法。此

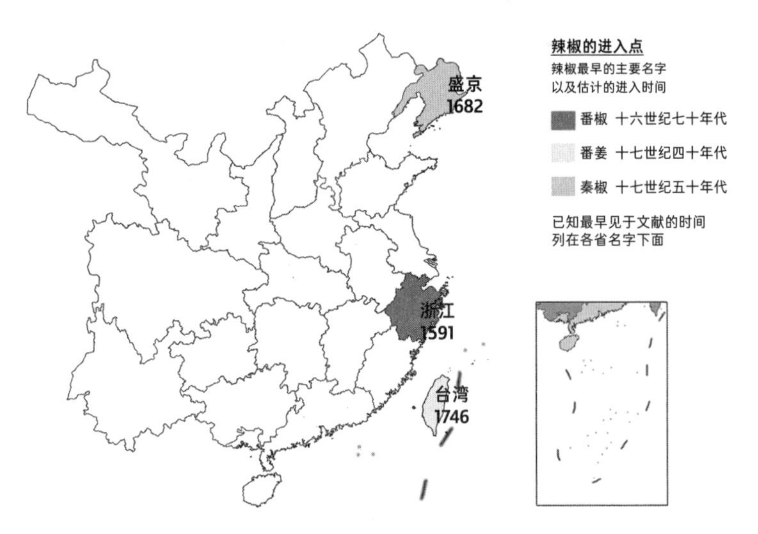

地图1.3　辣椒的进入点。笔者制图，使用的是“中国历史地理信息系统”（China Historical GIS, v. 4.0，1820年边界）以及ESRI ArcMap, v.10.0

1. Shiu-ying Hu, *Food Plants of China* (Hong Kong: Chinese University Press, 2005), 659.

外，因为高濂在 1591 年就对辣椒有过描述，因此最早的引进肯定要早于 17 世纪。随着明朝贸易禁令在 1567 年取消，中国商船很可能成为传输者。没有证据表明有人有意将辣椒作为一种贸易商品进口，而引进辣椒最有可能的介体是携带上船为船员食物调味的辣椒。

晚明收藏家和鉴赏家高濂（活跃于 1573—1591 年），是最早提到辣椒的中国人。他生活在中部沿海地区的杭州，他的记述也是那个进入点的最早记录。高濂的父亲是粮商，很富有。他通过教育儿子参加科举考试，并通过拥有一座藏书楼和收藏艺术品，来寻求增强他的经济影响力以及文化和政治的声望。然而，高濂与许多同辈人一样，并未能在令人精疲力尽、决定职业生涯的考试中高中。高濂并不垂涎于身为官员的名声以及寻求社会地位的提升，而是投身于艺术与雅致生活。他追求各种各样的精英消遣方式，包括艺术收藏、写作诗歌和戏剧、赞助他人著书立说，以及写作他关于高雅生活的包罗宏富的著述。高濂住在杭州西湖边上。没有证据表明他旅行过，因此他很可能在杭州或附近见到过辣椒。他所说的辣椒的审美吸引力可以在他论述生活的涉猎广泛的著作《遵生八笺》中找到。[1] 然而，他并没有把辣椒置入此书的饮食或医药部分，这不足为奇。他关于饮食论述的开篇就说："若彼烹炙生灵，椒馨珍

1. 高濂的传记信息来自 Craig Clunas, *Superfluous Things: Material Culture and Social Status in Early Modern China* (Urbana: University of Illinois Press, 1991), 14–18。

味，自有大官之厨，为天人之供，非我山人所宜，悉屏不录。”[1]他在杭州的住处奢华，有着藏书楼、艺术品收藏、书斋，这对于“山人”来说，有些卖弄了，但这句话确实传达了他的处世风格、意趣和道家的完美追求。

高濂用“番椒”这个名字指称辣椒。[2]“番”字强调了这一植物的外国起源，并与一种本土味道强烈的调味品（椒）的名字结合在一起，这是借用了众所周知的土产花椒的刺激性来形容这一新来物种的强烈味道。辣椒在这个区域的早期用途中，用以取代花椒这一本地香料是可能的。

1746年的台湾动植物调查是台湾岛最早的辣椒史料出处。它将荷兰人作为岛上辣椒的引入者：“番姜藤本种自荷兰……番人带壳啖之。”[3]这句话公开表明“番”这个标识用字不仅让人想到这一香料的来源，而且也想到那些满世界到处走的外国人，专门携带辣椒，在他们的异国风味菜肴中使用。1624—1662年间荷兰人占据台湾，因此说辣椒的引进是在这一时期的中间阶段也就是十七世纪四十年代前后，是有道理的。遗憾的是，我没有发现任何资料能提供荷兰人引进辣椒的更多细节。荷

1. 高濂：《遵生八笺》，卷11，第1b页。

2. 高濂原文用的是“畨椒”，“畨”意思是外国的，是“番”字的变体，“蕃椒”更为常用。（译文都统一作“番椒”。——译者）

3.《台海采风图考》（1746年），卷2，第8a页，《台湾史料汇编》第8册，全国图书馆文献缩微复制中心，2004，第603页。

兰人可能在他们的印度尼西亚殖民地已经习惯了吃辣椒，或者他们可能已经种植辣椒，以便与他们的热巧克力拌在一起。台湾动植物著作的编纂者意识到了大陆有辣椒，指出“内地名番椒”，而他们主要使用“番姜”的名字，支持了这种看法：台湾岛居民为一种新引进作物，发明使用了自己的名字。[1]辣椒的主名在所查考的1746—1894年的所有台湾地方志中，都是“番姜”。已知的20世纪之前使用这个词作为主名的文献都来自台湾。在台湾人的方言也就是闽南语中，“番姜”至今仍是辣椒的最常见叫法。[2]

在考察辣椒从朝鲜进入中国东北盛京之前，我们首先必须简要回顾一下此前它引入日本的情况。与中国的情形一样，辣椒引入日本，几乎可以肯定，是在辣椒到达东南亚之后。1543年一些葡萄牙商人乘坐一艘中国船，抵达日本的一个小岛，位于日本九州南端。方济各·沙勿略（Francis Xavier），还有另外两位耶稣会士，1549年抵达九州岛南部，乘坐的也是中国船。[3]很快葡萄牙人就在日本开展贸易，最终于1571年在长崎建立了一个重要的贸易站。之后不久辣椒很可能就进入日本，也可

1.《台海采风图考》（卷2，第8a页），第603页。

2. 张之杰：《台海采风图考点注》，上册，新北中华科技史学会，2011，第33页注21。

3. Jurgis Elisonas, “Christianity and the Daimyo,” in *The Cambridge History of Japan*, vol. 4: *Early Modern Japan*, ed. John Whitney Hall (Cambridge: Cambridge University Press, 1991), 302, 303.

能是由来自不同国家和地区的船员所携带，在欧洲人或中国人所拥有的船上，作为他们自己食物的调味品。从这里，辣椒进入朝鲜半岛。

朝鲜最早的辣椒记录出现在1614年李晬光（1563—1628年）所著的百科全书，他指出“（朝鲜）今往往种之”，由此可知，辣椒的引进肯定是在此之前。李晬光是朝鲜李氏王朝（1392—1910年）的军官和外交官。他的《芝峰类说》是朝鲜刊印的第一部百科全书。李晬光把辣椒称为“南蛮椒”，“南蛮”是日本人称呼欧洲人的常用词。他进而指出辣椒是从日本传入朝鲜的，因此有理由相信辣椒是在统一了日本的丰臣秀吉入侵朝鲜时（1592—1598年）引进的。[1]

盛京辣椒的最早记录是在1682年。[2]所记载的地点是盖平县，距离朝鲜北部约175公里，因此最初传入盛京可能更早。就在两年之后编纂而成的这一地区的另一部地方志中，指出此地种植有许多辣椒品种。[3]据此可知，远离边境地区有许多的辣椒品种，往前推二三十年，这样可以将引进的时间倒推至十七世纪五十年代。而辣椒1614年时在朝鲜“今

1. 李晬光：《芝峰类说》（1614年），南晚星注，下册，首尔乙酉文化社，1994，第635页。同样地，蒋慕东、王思明《辣椒在中国的传播及其影响》第19页引述了一部近代朝鲜文的史书，认为辣椒可能是在1592年至1601年间从日本引入朝鲜的。王茂华、王曾瑜、洪承兑《略论历史上东亚三国辣椒的传播：种植与功用发掘》第298页引述了一条19世纪初的朝鲜文献，报告了辣椒进入朝鲜是在1582年至1618年间。

2.《盖平县志》（盛京，1682年），下，第8b页。

3.《盛京通志》（1684年），卷21，第4b页。

往往种之”，那么认为它在十七世纪五十年代从朝鲜引至中国东北是合情合理的。二十世纪之前在盛京只用“秦椒”来称呼辣椒，这也支持了中国东北是与中国中部沿海地区不同的一个进入点。[1]“秦”现在基本上是陕西这一区域（位于中国中北部地区）的古老叫法。选择一个区域的名字，不再强调辣椒的海外起源，也许是因为一步步引进，可能是从朝鲜北方由农民一个接一个引进中国东北的，可能经过了几十年的时间。

考察地图 1.2，可以发现中国东南沿海的广东可能是一个引入点。因为许多商船往来于东南亚各港口与广东、福建沿海的港口之间，那么辣椒也可能沿东南沿海得以引进，尽管没有文字证据支持这一区域是一个进入点。蒋慕东、王思明认为，辣椒是从中国中部沿海进入这一地区的，而不是自海外。[2]在最早的文献中找到为辣椒所起的独一无二的名字，就能提供这是一个特别引入的地点的强有力的证据。然而，在广东（1680 年）和福建（1757 年）辣椒最早的名字都是“番椒”[3]，看起来辣椒很可能是从中国中部沿海进入这一地区的，因为中部沿海地区最早使用这一名字。虽然缺乏一个与众不同的名称并不排除此地可作为第四个进入点引进东南海岸，但如果没有其他证据，这仍然纯属推测。

---

1. 关于这一名字的更多介绍，见第二章。

2. 蒋慕东、王思明：《辣椒在中国的传播及其影响》，第 19 页。

3. 屈大均：《广东新语》（1680 年），香港中华书局，1974，第 371 页；《安溪县志》（福建，1757 年），卷 4，第 10a—10b 页。

其他作物尤其是甘薯，是从缅甸经陆路及海路进入云南的，但没有证据表明辣椒的进入也是沿着同样的路线。1736年是所知云南记载辣椒的最早时间，比东部相邻的两个省份（贵州1690年，广西1733年）要晚。[1]说云南的辣椒是从东面引进合乎逻辑。云南辣椒最早的史料是1736年出版的《云南通志》。可惜的是，这一资料并没有给出当时种植辣椒的具体地点。第二早的史料是在1739年，来自与广西相邻也离贵州不远的一个府。[2]这两处文献中，辣椒的主名都是秦椒，与东北盛京最早使用的相同。在云南，一开始就没有为辣椒起过独特的名字，因此没有它从缅甸引进的文献支持。蒋慕东、王思明关于辣椒的文章没有考虑将云南作为辣椒可能的进入点。[3]

千百年来，许多作物进入中国内地都是通过所谓丝绸之路的贸易路线，横跨中亚进入甘肃，然后进入陕西。蒋先明提出以此作为辣椒进入中国的一条路线。[4]辣椒有沿此路线引入的可能，如同东南沿海和云南路

1.《云南通志》（1736年），卷27，第3a页；田雯：《黔书》（贵州，1690年），卷2，第3a页，收入《粤雅堂丛书》第25册，台北艺文印书馆，1965；《广西通志》（1733年），卷93，第28a页。

2.《广西府志》（1739年），卷20，第5b页。

3. Jean Andrews在她的著作《胡椒》（*Peppers*）中含有一张地图，显示辣椒是从缅甸进入云南的（1987年版和1995年版都在第7页），但她并没有提供任何材料支持这一假说。在后来的著作中，她确实为这一线路提供了出处，却是源于何炳棣1955年的文章，可何炳棣的文章并没有这一辣椒引进的任何细节（Andrews, *The Pepper Trail*, 26）。

4. 蒋先明：《各种蔬菜》，农业出版社，1989，第82页。

线一样，但还没有确凿证据支持这种假说。事实上，有的中国学者对于这一辣椒路线直接提出怀疑。[1] 此外，现有的证据也与这种假设相抵牾。地方志记载当然不能视作辣椒第一时间到达某地的确切证据，但这往往是考察它们传播的唯一资料。如果辣椒是通过这条路线引进的，那么甘肃（1737 年）最早提到辣椒应该要早于陕西（1694 年）。[2] 尽管现在事实与此相反，虽不能排除辣椒的引进是沿丝绸之路，但它肯定不支持这种可能性。另外，如果辣椒是通过丝绸之路引进的，那么就应该能在甘肃和陕西找到它们开始时的与众不同的名字，如同我们已经考察过的其他三个进入点一样。然而，甘肃最早的辣椒名字是秦椒，意含着是从东面横跨中国北方而引进。此外，米华健（James Millward）指出辣椒很可能是从印度和中国内地传入新疆（位于甘肃西面）。[3]

辣椒进入中国，就可能在市场区域内部传播。何炳棣推测新的作物可能由各种各样的流动人口如“商人、旅行者、使节和政府官员”引进。[4] 对他的这一新作物的可能传播者名单，我添加一个极其重要的群体——农民，例如东北盛京的农民，与附近的朝鲜农民进行交换，要比

---

1. 见闵宗殿：《海外农作物的传入和对我国农业生产的影响》，第 7 页；蒋慕东、王思明：《辣椒在中国的传播及其影响》，第 19 页。

2.《重修肃州新志》（甘肃，1737 年），第 6 册，第 11a 页；《山阳县志》（陕西，1694 年），卷 3，第 50a 页。

3. James Millward, “Chiles on the Silk Road,” *Chile Pepper*, December 1993: 36.

4. Ho, “The Introduction,” 195.

与水手、商人、政府官员或精英作者间的互动更为普遍。

最早的辣椒记录与在地方志中第一次出现有着八十年的时间差，这使得追踪辣椒传播的时间和地点变得困难。地方志也是记载花生、甘薯、玉米等美洲作物最早的资料来源之一。[1]然而，地方志中的烟草和辣椒条目远远落后于已知的最早史料。一个可能的解释在于作物本身的特性。花生、甘薯、玉米都成了重要的作物，可以在以前未开垦的土地上种植，而这些地方小麦、高粱、小米、水稻都不能生长。这三种作物都有出产高热量的可食用部分，也能很好地储藏。基于这些原因，这些作物的种植和消费增多，传播速度也相应变快。这些作物被记录在地方志中，最重要的是它们引起了地方精英、官员以及至少一位皇帝的注意。这些人出于家长式的关怀，积极推动下层社会对这些作物的种植和消费，以作为灾荒赈济手段。[2]相比之下，帝国晚期关于辣椒的资料很稀少，也不见有人明确提倡种植。从富含热量来说，辣椒和烟草都没有什么优势。可烟草比辣椒更能吸引精英们的注意，迅速发展成为经济作物。关于烟草的文献，数量上比关于辣椒的多且内容翔实，有许多精英作者写有文

1. 辣椒并没有出现在任何最早记述了花生、甘薯或玉米的地方志中。

2. 例子可见 Ho Ping-ti, *Studies on the Population of China,1368-1953* (Cambridge, Mass.: Harvard University Press, 1959); Jonathan Spence, “Ch’ing,” in *Food in Chinese Culture: Anthropological and Historical Perspectives*, ed. K. C. Chang (New Haven, Conn.: Yale University Press, 1977), 262。

章[1]；形成明显对比的是，在二十世纪之前，明确提到市场上出售辣椒的少之又少。辣椒有时也作为一种自家种植、不用花钱的食盐替代品。辣椒直接与产生税赋、政府控制的食盐相竞争，这对于地方志的作者鼓励将辣椒作为食盐替代品来说是一个抑制因素。另外，辣椒也许最初是由高濂等精英作为装饰植物栽种，因而它们不太可能出现在地方志的"物产"部分。而且，将辣椒用作香料和蔬菜，可能也是个别家庭在菜园等小块土地上种植，供个人使用。没有人为了生存而种植，或为了出售它们而急于尽可能地多种。在这些情况下，辣椒很可能在有着共同市场的地区，从一处传播到另一相邻的地方。然而，这可能要花费相当长的时间，所种植的辣椒足够多，才会在市场上出现。即便到了这样的程度，它们仍然需要被地方志编纂者注意到，才可能出现在地方志的"物产"部分。

医书《食物本草》(1621)的佚名作者向我们传递了关于这一来自外国却又是本地作物的令人困惑的信息。首先，作者将辣椒确认为"番椒"，这个名字应该意味着其起源于海外。然而作者继续说："出蜀中，今处处有之。"[2]1621年之前辣椒几乎不可能到达四川，它们当然不会源

1. Benedict, *Golden-Silk Smoke*, esp. 7–33.

2.《食物本草》(1621年)，卷16，第12b页。

于那里。可作者为什么认为辣椒起源于那里呢？首先，四川长期以来被认为与浓烈的调味品有关；其次，“今处处有之”暗示了作者发现这种作物无处不在，以至于认为是当地土产，在使用“番”这个名字时，就不假思索地将它的起源归于四川。

到十九世纪，辣椒已完全融入了中国，成为分布广泛、众所周知的“本地”作物，甚至被用以帮助鉴别其他的本土植物。“金灯笼：亦名天灯笼，形似辣茄（辣椒）而叶大。”[1]本地名称和本地用途，有助于我们拼凑出一种曾经名不见经传而使用日益广泛并在一些区域不可或缺的发展道路。

1.《重修嘉善县志》（浙江，1894年），卷12，第26a页。

第二章

添滋加味

尝新谁欲问？

——吴省钦《辣茄酱》，1783 年[*]

辣椒强烈的辣味是它们在中国能被接受的最本质特色。然而，饮食往往是文化中相当保守的成分。西红柿费尽时日才吸引住意大利人，部分原因就在于难以融入饮食传统。[1] 而将辣椒作为中国菜的香料，比较快地发展成在家里种植，在地方传播开来，从而作为商品化、需课税且要进口的物品的替代物。它们广受欢迎，内陆省份陕西的一个地方志的编纂者，在 1755 年断言，它们“每食必用，与葱蒜同需”[2]。最终，辣椒被视作中国菜中必不可少的正宗成分。此外，它们的使用也影响到了包

---

* 吴省钦：《白华前稿》（1783 年），卷 38，第 9b 页。

1. 见 David Gentilcore, *Pomodoro!: A History of the Tomato in Italy* (New York: Columbia University Press, 2010), esp. chap. 1。

2.《镇安县志》（陕西，1755 年），卷 7，第 13a 页。

括语言在内的其他的文化体系。

虽然辣椒被中国烹饪采用的方式多样，但一开始这些方式就与长久以来使用的传统烹调和保存方法相适应。一些早期史料显示，辣椒一开始是作为其他调味品的替代品。然而，辣椒很快就超过了许多的香料，在一些地方甚至比长期使用的土产调味品更“正宗”。辣椒在整个中国内地都能生长良好，这也意味着它们比许多替代品更经济实惠。可以说，那些特别远离货币经济的人，比如生活在偏远地区的农民和少数民族，似乎比精英们更快地接受辣椒。世易时移，中国人也认识到辣椒的强烈味道有助于让大多数人所吃的高淀粉含量的饭菜更加可口。辣椒除了本身可以当菜食用外，还与其他的香料一样，可以给菜肴添滋加味。它们也被用于食物保存。通过干燥以及腌制，它们可以长期保存，以及作为酱的主要成分。从审美角度看，它们为饭菜增添色彩，尤其是在没有新鲜蔬菜的季节。此外，现代心理学研究表明，一旦对辣椒中的辣椒素有了耐受，食用辣椒就会引起内啡肽（endorphin）的分泌，产生欣快感；而且由于辣椒素能激发危险信号，吃辣椒就可以寻求刺激。[1]

在研究中国烹饪使用辣椒的具体情况之前，有必要简要反驳一种为了食物安全而采取“特权技术”（privileges technology）的现代偏见。

---

1. Paul Rozin and Deborah Schiller, “The Nature and Acquisition of a Preference for Chili Pepper in Humans,” *Motivation and Emotion*, 4, no. 1 (1980): 99.

流传甚广的说法是，过去使用香料（特别是在中世纪的欧洲）是用来掩盖变质食物尤其是肉的味道的。这个传说源于近代西方人（可能在十九世纪）认为他们的烹饪和文化较之过去以及西欧以外的所谓的落后文化更优越。[1]在本书的研究过程中，有几个人建议我将辣椒的这种遮蔽能力视作它在中国大受欢迎的一个原因。[2]然而，无论对于中世纪欧洲精英阶层使用的昂贵香料，还是对于近代早期使用辣椒的中国人来说，这都是荒诞不稽的。保罗·纽曼（Paul Newman）在《中世纪的日常生活》（*Daily Life in the Middle Ages*）一书中对这一点的驳斥简洁而风趣："香料和其他食物调味品在中世纪肯定极为珍贵，它们是用来掩饰腐肉气味和口味的想法真是愚不可及。肉一旦变质，就会有毒，无论多少香料也不能令它食用无虞。"[3]辣椒不是用来掩盖味道的，它们对保存肉类很有用，首先是为了防止其变质。

辣椒的强烈味道在文化上被解读为辛、干、热，与肺的健康有关。

---

1. Alice Arndt, "Spices and Rotten Meat. Old Saw: 'They Used a Lot of Spices to Disguise Spoiled Meat,'" The Debunk-House, *Food History News*, 2008, https://web.archive.org/web/20180818060609if_/http://foodhistory.news/debunk.html#rotten.

2. 在关于香料的中文研究中，有的也持这种荒诞说法。例子可见红森主编《辣味美食与健身》，第 5 页。

3. Paul B. Newman, *Daily Life in the Middle Ages* (Jefferson, N.C.: McFarland, 2001), 3. 此外，Paul Freedman 指出，在十五世纪的欧洲，肉要比香料便宜，"用丁香或是肉豆蔻去改善品质不怎么好的肉是不通情理的"。Paul Freedman, *Out of the East: Spices and the Medieval Imagination* (New Haven, Conn.: Yale University Press, 2008), 4.

辣椒融入烹饪调味品系列的证据是，它一开始就通过各种方法取代了其他公认的辛辣香料，包括花椒、胡椒、姜。此外，一些中国人甚至用辣椒替代食盐。经济条件和社会阶层在辣椒的采用中扮演了重要角色。被引进之后，辣椒就可以在家庭菜园或花园中种植。与其他调味品相比，辣椒虽然需要劳动力投入，但并不需要用现金或其他商品进行交易。进口的胡椒相当昂贵。盐也不便宜，因为它的生产和营销由政府控制且要课税。对很多人来说，在当地市场购买辣椒比花椒便宜。随着日益整合，香料间有了某种竞争，最终外来的辣椒基本上取代了土生土长的花椒作为日常调味品，甚至改变了“辣”的确切含义。

高濂是中国最早讨论辣椒的作者，他在 1591 年提到辣椒是辣的；而明确具体地提到辣椒作为食物调味品的最早史料是 1621 年刊行的佚名作者的《食物本草》，其中记载：“研入食品，极辛辣。”[1] 正如书名所示，在中国文化实践中，往往很难将食物和药物分开。一般说来，中国人观察并提出了一套理论：任何吃进体内的东西都会影响健康，无论为了果腹，为了享受，还是作为药物。当中国人在食物中使用辣椒时，也会观察它的药效。尽管在中国文化中很难区分辣椒的食用和药用价值，但为了便于分析对辣椒的整合与接受度，区分辣椒使用的不同类别还是有用的。我在这一章要谈辣椒药用的几个方面，对于辣椒整合进入中国

1.《食物本草》（1621 年），卷 16，第 12b 页。

药典的主要分析放在下一章。

给辣椒起个本地名字，是中国人在本地使用这种外国香料时必不可少的做法。一些名字或暗示或明确地将辣椒比作其他调味品，很可能反映了它的最初用途。辣椒中文名字的数量之多就反映了它的地域适应性。“辣椒”这一现今中国许多地区广泛使用的名字，是在十九世纪中后期才在大多数地方使用的。考察辣椒用途的传播和采用，增加了我们对中国内地地域性差异的了解。辣椒阐释了从内地山区到台湾岛等各地域文化、气候、地理方面的显著不同。辣椒“因地制宜”，通过在烹饪上的专门化，符合了地域性的建构起来的身份；与黑胡椒、盐或姜竞争；或满足特定的地理需求，如为山区提供必需的维生素或替代很难找到的调味品。从二十世纪开始，在一些地域，身份与辣椒消费联系在了一起。辣椒因此成为四川、湖南等地域菜系以及居民的正宗的标签。

这一章所考察的所有文献资料都是由精英撰写而成。然而，有些材料也会反映社会下层的习惯。因此，就有可能对精英与社会下层间对于辣椒的不同接受以及整合情况进行一些评估。除了评估中国烹饪使用的辣椒本土化的机制之外，我也描述阶层文化的差异，其中一些适合于社会下层使用，而有的则鼓励精英应避免使用。地方志及其他体裁中的偶尔记录很有用。然而，一直到十八世纪结束，各种体裁中提及辣椒的零星记载，都证明了精英阶层不愿意提倡在烹饪中使用这种味道强烈的香料。

中国调味品与命名规则

为了融入中国的调味品体系，辣椒必须在所谓的五味框架内进行评估。五味分类体系对于烹饪和医药都极为重要。它是从更为广泛的五行（five phases，常误译为 five agents 或是 five elements）分类结构发展而来的，最早的记录可以追溯到公元前五世纪至公元前四世纪。在这个体系内，每行（木、火、土、金、水）均可以变化，生成下一个，或与另一个相克。此外，五行与其他众多类别有关系，包括季节、颜色、方向、音符、感官、味道、气、脏腑（对于这个体系的更多介绍，尤其关于医药的内容，见下一章，包括表 3.1）。五味与相应的脏腑在公元前三世纪至公元前一世纪的医书《黄帝内经》中开列过：酸对应肝，苦对应心，甘对应脾，辛对应肺，咸对应肾。[1] 这种对应体系中的五味，到现在都一直影响着中国烹饪和医药。

我在本书中使用的许多资料都依据类别做了区分。例如，地方志中的“物产”部分通常包括以下标题：蔬菜、调味品、医药、矿物及各类动物。医书常常使用相似的分类。含有辣椒的两种早期书籍将它作为一种“味”予以归类，包括 1621 年刊行的《食物本草》和陕西最早的地方志[2]，都强调了辣椒作为食物增味剂的重要性。

---

1. 南京中医学院医经教研组编著：《黄帝内经素问译释》，上海科学技术出版社，1981，第 36、37、39 页。

2.《食物本草》（1621年），卷 16，第 12b 页；《山阳县志》（陕西，1694年），卷 3，第 50a 页。

早期关于辣椒的资料称其味为辛或辣。辣被归入更广泛的辛的范畴，辣字的左边就是辛。当代食物史家黄兴宗（H. T. Huang）认为，“辛不是一种定义明确的单一味道，而是一组相关的味道，包括各种辣味。它们都会在我们的身体里引发难受的感觉——喉咙痛、淌眼泪、流鼻涕。但是，在食物中适量添加，吃起来津津有味，刺激兴奋，令人几乎无法抗拒。”[1] 红森在关于中国食物中辣的调味品与健康的著作中，开列了它们的共有特性：“辣味也称辛味，是基本味道中刺激性最强的一种，具有开胃、促消化……用于增添美味。另外，它还有抗潮湿、御风寒之功效。”[2] 古时候，“辛”包括了葱属植物（含蒜）、姜、肉桂、花椒。[3] 花椒（Sichuan pepper 或 flower pepper），在英语中有时也被称为 fagara，在中国古代是重要的土生土长的辛辣香料，也是一种药材。在公元前二世纪著名的马王堆汉墓的菜肴中发现有两种花椒。[4] 黄兴宗认为，在五味中，辛是随

1. H. T. Huang, *Science and Civilisation in China*, vol. 6: *Biology and Biological Technology, Part 5: Fermentation and Food Science* (Cambridge: Cambridge University Press, 2000), 92.（原文中开列了几种表示“辣”的英文：piquant、pungent、acrid、peppery、spicy、hot。——译者）

2. 红森主编《辣味美食与健身》，第 5—6 页。

3. H. T. Huang, *Science and Civilisation in China*, 6.5:95. 中国肉桂（Cassia cinnamon）出自肉桂树（*Cinnamomum cassia*）的树皮，这原产于中国南方。锡兰肉桂（Ceylon cinnamon）出自锡兰肉桂树（*Cinnamomum verum*，以前叫 *Cinnamomum zeylanicum*），原产于斯里兰卡（以前的锡兰）。可以说两种肉桂出自同一科的树。在中国，从古代一直到帝国晚期，使用的一直是土产的肉桂。

4. Ying-Shih Yü, “Han,” in *Food in Chinese Culture: Anthropological and Historical Perspectives*, ed. K. C. Chang (New Haven, Conn.: Yale University Press, 1977), 57.

时间变化最大的一种：

> 葱、桂皮、姜依然广受欢迎，而花椒稍逊一筹。新的香料，如芝麻、茴芹、茴香、丁香、胡椒引入并保留了下来。而对中国烹饪影响最大的，是从新大陆引进的辣椒。在中国，辣椒与其他香料相比，消费数量以及食用的人口，都可能是最多的，就此而言，在全世界也是最多的。我们今天所知道的流行的川菜和湘菜，如果没有辣椒的介入，只不过是一地方令人好奇之物而已。[1]

辣椒极大地影响了五行中的辛，成为一种极重要的香料，甚至取代了土生土长的花椒。像其他辛味一样，辣椒一开始令人难受甚至给人带来痛苦，但许多人最后却很是欣赏它们的刺激性以及它们对菜中其他成分的增味能力。辣椒素可以激活引发欣快感的内啡肽并带来兴奋刺激，相当多的人被吸引。

花椒失去人气的原因是辣椒攫取了它的一些功用，并且花椒将它的名字借给了其他的辣味，在这里对此做个简短的讨论，对于这本关于辣椒的书很重要。花椒树（*Zanthoxylum bungeanum*）是芸香科小树，是中国数个地域的土产。它与北美花椒（North American prickly ash）有

---

1. H. T. Huang, *Science and Civilisation in China*, 6.5:96.

亲缘关系。干燥的花椒壳（果皮）具有强烈的独特辛辣味道。成熟时的球状种荚或曰种壳，呈暗红色或褐色；干燥时通常会裂成两半（见图 2.1）。花椒壳还是绿色时也可以采摘，味道稍有不同。除了它们的味道，外壳还具有令人麻木或曰麻醉的特性。中文里，这种令人麻木的特性称为“麻”。小而圆的黑色种子在传统药典中被归为轻微的有毒之物（图 2.1 右下角显示有几粒）。种子常常从壳里掉出；用壳给食物调味时，会主动去除种子。种子和壳都可入药。中文里这种香料有不少名字，其中一些表示品种的差异。最基本的名字是“椒”，译成英语通常是pepper。这个名字只有一个汉字，这充分表明这种香料可上溯至古代。

图 2.1　花椒，2019 年

大多数古代文献提到使用单字的重要作物，这些字从起源上看，都是植物的象形文字，包括稻、稷、黍、菽、麦。[1] 后来，随着品种的增多以及新的香料的引进，许多植物都用两个字有时甚至更多的字来命名，以示区别，例如“小麦”和“大麦”。本研究用到的帝国晚期资料，有时仍用一个“椒”字指称花椒。不过，更常见的是，名字包含两个字，“椒”字之前再加上另一个起着修饰作用的字。“花椒”形容的是带有梗且开裂的种荚的形状。“蜀椒”中的“蜀”指古地名，基本上是现在的四川，这一名字强调四川是原产地。“川椒”中的“川”也是指四川。“秦椒”是指来自秦这一地区的花椒（秦椒也用以指称辣椒）。[2] 这一名字强调它起源

---

1. 早期的一些名字，可见 K. C. Chang, “Ancient China,” in *Food in Chinese Culture: Anthropological and Historical Perspectives*, ed. K. C. Chang (New Haven, Conn.: Yale University Press, 1977),28; H. T. Huang, *Science and Civilisation in China*, 6.5:17–18; and Laura May Kaplan Murray, “New World Food Crops in China: Farms, Food, and Families in the Wei River Valley, 1650–1910,” Ph.D.diss., University of Pennsylvania, 1985, 14。

2. 大多数现当代文献都将椒、花椒、蜀椒、川椒、秦椒的学名叫 *Zanthoxylum bungeanum*；尽管不同的中文名字可以互用，但有时它们可以作这种香料不同品种的区分。见沈连生主编《本草纲目彩色图谱》，华夏出版社，1998，第 261 页；Wu Zhengyi, Peter Raven, and Hong Deyuan, eds., *Flora of China*, vol. 11: *Oxalidaceae Through Aceraceae* (St. Louis: Missouri Botanical Garden, 2008),54。有些现当代文献认为花椒的学名是 *Zanthoxylum simulans*［见 Shiu-ying Hu, *An Enumeration of Chinese Materia Medica*（Hong Kong: Chinese University of Hong Kong, 1980）, 23］，但正式来讲，它被承认是 *Zanthoxylum bungeanum* 的同义词（见植物名录中的 Z. simulans 条目，http://www.theplantlist.org/tpl1.1/record/kew-2469033，2017 年 3 月 6 日访问）。在中国，*Zanthoxylum* 一些别的品种也用作食用和药用，但它们在中文里有着其他的名字，包括崖椒（*Zanthoxylum schinifolium*）、蔓椒（*Zanthoxylum nitidum*）、食茱萸（*Zanthoxylum ailanthoides*）。

于古代秦国（大致相当于今天的陕西省），尽管这一名字使用相当广泛。当代一本汇集了起自周朝迄于清亡的各地域的3249份食谱的资料中，一些食谱含有花椒，证明了这种香料在早期历史上的重要意义。[1]千百年来，土生土长的花椒作为辛辣香料使用广泛，但辣椒最终还是超越了它，成为受人欢迎的调味品，就像意大利菜中的西红柿一样，都证明了被建构出来的正宗东西，不必然与土生土长有关。[2]

辣椒最早的名字突出了它们的外国起源，但时移世易，其他命名法渐渐占得优势地位。引种到中国的植物所起的名字往往既强调它们的外来性（foreignness），同时也给出一个重要的用途。例如，西方人所说的黑胡椒[3]源于印度次大陆的热带地区。热带气候条件下，胡椒藤才能结果，因此一直到最近，中国每年都需要进口胡椒。它传入中国的最早记录是在东汉（25—220年）。[4]在西方，历来是将整个成熟的胡椒粒包括黑色的外皮，研磨成为黑白斑点般的粉末。然而在中国，人们过去甚至现在仍然倾向于将去掉皮的未成熟种子磨成白色粉末。这种磨碎的“胡椒”现在在美国和欧洲被称为“白胡椒”（white pepper），而“白胡椒”

1. 刘大器主编《中国古典食谱》，陕西旅游出版社，1992；也见蓝勇：《中国古代辛辣用料的嬗变、流布与农业社会发展》。

2. 马铃薯如何成为印度正宗饭食的研究，见 Gentilcore, *Pomodoro!*。

3. black pepper（*Piper nigrum*）。

4. H. T. Huang, *Science and Civilisation in China*, 6.5:52.

在中国是对胡椒更准确的描述。但我将使用 black pepper（黑胡椒）这种叫法，因为它表示这种香料以及出产该香料的植物的常见英语名称（和拉丁学名）。黑胡椒中文称胡椒。汉代“胡”是指在西域以及经西域（包括印度）而来的汉人以外的人。[1]“椒”的意思是花椒。中国人认为胡椒是外来（西方、印度）的花椒。晚明著名植物学家和医药学家李时珍（1518—1593 年）指出：“胡椒因其辛辣似椒，故得椒名，实非椒也。”[2]胡椒，就像本土的花椒一样，作为调味品和药物，被归为“辛”。在东汉，就用“椒”字指代强烈的调味香料。外国或进口香料命名时就借用了这个土生土长的字眼。类似的结构在许多辣椒的中文名字中可以看到。

许多辣椒的名字相当本地化。就我查到的，在史料中出现的 57 个不同的中文辣椒名字中，有 53 个与特定的地方有关系。在这 53 个名字中，有 33 个只出现在一个省。也就是说，57 个辣椒中文名字中至少有 58% 是本地的。此外，还有 8 个名字只出现在相邻的两三个省，如此算来有着地域性标记的名字总数至少为 72%。[3]名字的这种本地化突显了辣椒食用和药用的迅速而广泛的传播是多么奇特。

1.《汉语大词典》，第 6 卷，汉语大词典出版社，1990，第 1206 页。

2. 李时珍：《本草纲目》（1596 年），卷 32，第 10a 页，收入《景印文渊阁四库全书》第 773 册，台北商务印书馆，1983。

3. 只是在两个省使用的共有八个名字，其中有五个出现在相邻的省并包括在地域所使用的名字的最终总数之中。只在三个省出现的名字有四个，其中三个出现在至少是与其他两个中的一个相毗邻的省；这三个也包括在地域所使用的名字的最终总数之中。

辣椒的一些名字可能反映出它在某些地区开始时的主要用途。例如，辣椒有时用作其他调味品的替代品，替代品的名称反映在辣椒命名中。辣椒最早有记载的名字——番椒[1]，揭示了早期中国人对此植物的两个关键方面的理解。在这里，“番”可以狭义地理解为与少数民族或外国人有关；而它的广义是指，占人口多数的汉人以外的人群。[2]所以说，高濂这位最早提到辣椒的作者，意识到辣椒不是土生土长。就像胡椒一样，“椒”字是从辛辣的本地香料花椒中借用的。在经典戏曲《牡丹亭》（1598 年，这是已知唯一的另一处十六世纪提到辣椒的文献）中，汤显祖（1550—1616 年）确认它为“辣椒”，也是借用了土生土长的香料的名字。[3]汪绂（1692—1759 年）在 1758 年所著的医书中，与李时珍对胡椒的评论相呼应，强调选择“椒”用于辣椒的名字是因为有着味道上的关联：“番椒……一名辣椒，非椒也，以味得名。”[4]辣椒的强烈味道，很显然让这一引进香料的早期食用者想到了它与花椒的相似，这有助于它沿着这条路线被接受和本土化。几乎可以肯定的是，高濂并没有将辣椒当作食物或药物（见第五章）。不过，由于“椒”已经借用于这个新来植物的名字，很可能它最初被其他人以类似于花椒的方式，作为一种

---

1. 高濂：《遵生八笺》，卷 16，第 27b 页。
2.《汉语大词典》，第 7 卷，第 1358 页。
3. 汤显祖：《牡丹亭》（1598 年），人民文学出版社，1978，第 113 页。
4. 汪绂：《医林纂要探源》（1758 年），卷 2，第 78b 页，江苏书局，1897。

“辛”味的调味品使用着。

辣椒与花椒命名上的这种重叠，在北方人王象晋的植物学著作《群芳谱》（1621 年）中就表现为它们交互使用。王象晋指出：“番椒，亦名秦椒。”“番椒”条目除了第二个名字之外，又单列一段话，可以在前面几页的花椒条目找到：“（花）椒：一名秦椒，以产自秦地故名。今北方秦椒另有一种。”[1] 秦椒可以指称源于秦的各种花椒，或是在北方种植的辣椒。“北”是个模糊的概念，但通常指黄河流经及其以北的省份。根据地方志的资料，秦椒是北方三省——盛京、直隶、山东——辣椒的最早名称。[2] 王象晋关于辣椒的条目，选择了番椒作为主要名称，秦椒为辅助名称。他选择番椒为主要名称可能是向高濂看齐。两个不同的地方都包括秦椒，这反映了北方一些地方包括他家乡山东的命名之法。因此，王象晋的描述提供了证据，支持辣椒是在不同地点进入中国的。在长江下游地区的“番椒”表明了明确意识到辣椒来自海外，而秦椒作为辣椒的一个名字似乎首先出现在盛京，支持它是从朝鲜半岛进入中国东北的看法。

“秦椒”这个名字已经指称另一种香料，为什么盛京居民会给辣椒起

---

1. 王象晋：《群芳谱》（1621 年），卷 1，第 7a—b 页、9a 页，收入《四库全书存目丛书补编》第 80 册，齐鲁书社，1997。

2.《盖平县志》（盛京，1682 年），下，第 8b 页；《深州志》（直隶，1697 年），卷 2，第 17b 页；《山东通志》（1736 年），卷 24，第 2b 页。

“秦椒”的名字？给不同植物或不同地方叫相同的名字，以及同一植物或同一地方叫多个名字，是中文文献中常见的现象。甚至有固定的中文短语来描述它：“同名异物”和“同物异名”。[1]澄清这些植物名称的用法，就是李时珍撰写药材著作的动机之一。[2]人们喜欢使用一个已经与辛辣调味品有关系的名字，这是很自然的。对于著述而言，使用之前文献有过的名字，肯定是一种强大的动力。另外，在盛京“秦椒”的称呼可能并不广泛，倒是“花椒”似乎更为常见。[3]最后一点，一种很可能是从农民到农民逐步引入的物产，从朝鲜北部进入盛京南部，是不会轻易被视为“番”的，就像从“海外”一样，因此“番椒”可能不会引发共鸣。地图 1.2 和表 2.1 所示，辣椒似乎是从盛京传到山东和直隶的。像秦椒这样的地域性名字对使用辣椒的传播很重要，它告诉新的地域的使用者这种新作物的大概类别，比如四川辣椒，味辛辣，因此可了解它会如何融入当地烹饪实践。

这些早期含有“椒”的名字，暗含着辣椒用于食物中的方法类似于花椒，而几种地方志将这种猜测证实了。尽管花椒原产于中国，且没有

1. 地名也有混淆的情况，关于“地”也有类似的说法，也就是“同名异地”与“同地异名”。

2. Joseph Needham, *Science and Civilisation in China*, vol. 6: *Biology and Biological Technology: Part 1, Botany* (Cambridge: Cambridge University Press, 1986), 311.

3. 例如，后来《盛京通志》的版本全都用的是“花椒”，见 1736 年版，卷 27 第 4b 页；1779 年版，卷 106，第 9a 页；1852 年版，卷 27，第 4b 页。

政府的价格管制，它仍然需要在市场上购买。生长花椒的植物是小树，肯定将占用菜园或是花园太多的空间。实际上它们基本上长在山区。

表 2.1 北方“秦椒”作为辣椒名字的情况

省份	最早见诸文献时间	地方志中“秦椒”一名使用情况
盛京（今辽宁）	1682	1909 年之前只用此名
山东	1736	1841 年之前只用此名
直隶（今河北）	1697	1874 年之前只是作为辣椒的主名

花椒壳收获后在市场上出售。花椒要比胡椒和盐便宜许多，但仍然比辣椒贵，因为辣椒能在自家菜园种植。陈继儒在他 1639 年前后刊行的农书中指出，辣椒“可充花椒用”。[1] 已知最早记载辣椒的地方志，出自 1671 年的浙江，也说到它们“可以代椒”。[2] 这两个早期的文献，加上一些早期名字的选择，证明了用辣椒替代花椒作为调味品的做法发展很快。将辣椒与花椒的辛辣联系起来，扩展到了整个中国内地。内地二十个省（包括盛京，台湾与福建分开单算）中，辣椒的最早名字中包括“椒”字的有十八个。

1. 陈继儒：《食物本草》（约 1638 年），第 42 页。
2.《山阴县志》（浙江，1671 年），卷 7，第 3a 页。

将辣椒归入五味，这对于人们接受它极为重要。如上所述，“辣”归入更广泛的“辛”的范畴，记载辣椒最早的几类不同体裁都强调它味辣或味辛。高濂，这位最早用文字记述辣椒也是最早从植物学意义上记述辣椒的作者，在 1591 年描述它“味辣”。[1] 最早记载辣椒的医学文献是在 1621 年，用了两个字称其味道：“辛辣”。[2] 1671 年最早收录辣椒的地方志，没有直接描述它的味道，但名字“辣茄”里含有辣。[3] 在十七世纪晚期有关园艺的文字中，高士奇把辣椒比作另外两种重要的辛辣调味品：“味之辛烈，过于姜、桂。”[4] 这里重要的是，不仅作者认为辣椒可以用来取代姜或桂皮，而且他提到的其他常见的辛辣调味品，为可能不熟悉辣椒的读者提供了参考。这样的分类和命名在帮助中国人理解在他们的烹饪中如何使用辣椒是关键性的步骤。对辣椒的采用还是很快的，早在 1621 年，有作者甚至宣称“今处处有之”。[5] 如果没有命名法的基本分类和比较的话，辣椒就不会迅速传播。

1. 高濂：《遵生八笺》，卷 16，第 27b 页。

2.《食物本草》（1621 年），卷 16，第 12b 页。

3.《山阴县志》（浙江，1671 年），卷 7，第 3a 页。

4. 高士奇：《北墅抱瓮录》（1690 年），收入《续修四库全书》第 1119 册，上海古籍出版社，2002，第 241 页。

5.《食物本草》（1621 年），卷 16，第 12b 页。

深层次的烹饪整合

作为菜肴中的一种调味品，是辣椒在帝国晚期中国内地烹饪中的主要作用，而不是作为主料。中国的烹饪方法使用了大量预先备好的调味料，包括各种发酵酱油、调味油以及各种醋、腌制蔬菜、酱。[1] 将辣椒浸渍在油、醋和酱里都表明了中国人在这些现有的烹饪方法中加入了辣椒。

已知含有辣椒（大椒）的最早食谱《调鼎集》，时间是在 1790 年前后，作者被认为是童岳荐。这部作品在开列具体食谱之前，对关键成分做了简短讨论。在概述中，童岳荐强调辣椒作为添加成分以调味道，包括辣椒面、辣椒油、辣椒酱。在为数不多的几份含有辣椒的食谱里，用到辣椒酱的有两次，用到辣椒油的有一次。另一个例子中，要用的是整个油炸辣椒，但是作为醋汁的替代品。[2] 在下页的方框里我们可以看到童岳荐的菜谱，其中使用了关键混合调味品辣椒酱和辣椒油，还有一份也

---

1. E. N. Anderson, *The Food of China* (New Haven, Conn.: Yale University Press, 1988), esp. 156; Andrew Coe, *Chop Suey: A Cultural History of Chinese Food in the United States* (Oxford: Oxford University Press, 2009), 86–87; Fuchsia Dunlop, *Land of Plenty: A Treasury of Authentic Sichuan Cooking* (New York: Norton, 2001), 53–81; Fuchsia Dunlop, *Revolutionary Chinese Cookbook: Recipes from Hunan Province* (New York: Norton, 2006), 20–29.

2. 童岳荐（据传）：《调鼎集》（约 1790 年），中国纺织出版社，2006，第 25、27、91、97、139 页。后文方框中的三个食谱见于《调鼎集》第 25、91 页。

用到了辣椒油。可以说，童岳荐将辣椒纳入中国传统的烹饪方法，也就是用调味汁、调味油、酱来增强菜肴的味道。

配料表中作为调味品的辣椒
（童岳荐，约1790年）

大椒酱
将大椒研烂；
入甜酱、脂油丁、笋丁；
多加油炒。

大椒油
麻油；
整大椒入麻油炸透；
去椒存油，听用。

辣椒肉
肉一斤，醋一杯，盐四钱；
蒸；
临起加辣椒油少许。

关键的调味汁或酱，如辣椒酱，有很多种，常常与地域甚至个人口味有关。所用辣椒的种类也各不相同，有些食谱（如童岳荐的）要用竹笋，而有的则添加大蒜。[1]不过，总体而言，基本形式包括辣椒泥、一些油，有时是增稠剂（童岳荐用的是猪油；本章开篇所引用的诗句中用的

1. 程安琪：《辣翻天》，辽宁科学技术出版社，2006，第6页。

是面粉，具体分析见第五章）。另一份来自浙江地方志的食谱，利用了辣椒的不同特点："土人齑之，以和肉豆，名辣茄酱。"[1] 这里用到的是辣椒有助于食物保鲜的特点，可以使调味料中的肉长期存贮，增添了风味（抗微生物特性在下一章讨论辣椒药用时会详细介绍）。

除了作为添加剂加入菜肴中，新鲜的或干的辣椒，以辣椒酱或辣椒油等某种复合调味品的形式，也可以直接添到菜里。鲜辣椒和干辣椒的区别在二十世纪之前的中文材料里划分得并不清晰，但辣椒的一般特征在整个烹饪传统中是被认可的。鲜辣椒增加了菜肴的味道、颜色和口感。在一道菜中，来自鲜辣椒的热很快就能让嘴巴品尝到（见图 2.2）。在冷藏技术和温室广泛使用之前，鲜辣椒只是在收获后的夏末秋初一段很短的时间可以食用。更温暖的地区，这一时间段应该会长些。因此，干燥（晒干或晾干）在过去是（现在仍然是）一种普遍的保存辣椒的方法。干辣椒保留了鲜辣椒许多的味道，能够很好地保存数月（见图 2.3）。这个干燥过程确实会改变一些味道，例如浓缩糖分，如同葡萄干一样。在阳光下成串地晒干是最典型的做法，而室内靠近火源也可以进行干燥。干辣椒可以整个使用，也可以切碎（包括切成薄片）或磨成面儿使用。将干辣椒加热，会散发出香味和辣味。

与鲜辣椒相比，干辣椒的辣味来得慢，但更持久。与整个干辣椒相比，切碎的辣椒或辣椒面会将它们的味道更多地注入整个菜品中，尤其在烹调

1.《黄岩县志》（1877 年），卷 32，第 19a 页。

图 2.2　北京市场上的鲜辣椒，2015 年

之初就添加的话。[1]十九世纪的一份中文资料指出："屑末尤辣。"[2]将辣椒直接放入菜肴中，而不是作为调味汁或油的一部分，也是与辣椒早期用作辛辣料相适应。花椒可以新鲜使用，但通常是干燥后使用，可以整个使用或

1. 讨论干辣椒的地方志，见《大定府志》（贵州，1850 年），卷 58，第 10a 页；《上虞县志》（浙江，1890 年），卷 28，第 9a 页。鲜辣椒与干辣椒的比较，见程安琪：《辣翻天》，第 4—6 页；红森主编：《辣味美食与健身》，第 15—19 页；Danielle Walsh, "When to Use Dried Chilies vs. Fresh vs. Powder vs. Flakes," *Bon Appétit* (March 3, 2014), http://www.bonappetit.com/test-kitchen/cooking-tips/article/how-to-use-chiles。

2.《澄城县志》（陕西，1851 年），卷 5，第 23a 页。

图 2.3　市场上的干辣椒和辣椒面，敦煌，2016 年

碾成粉。胡椒，因为它是进口而来，所以总是用干的，常常磨成胡椒面。葱属植物如蒜、洋葱，通常都是用新鲜的，尽管它们可以保存很长一段时间。

辣椒的用法有多种，可以作为混合调味汁的一种成分，或另一种调味品的替代品，或自身用作调味品，这些可以在十七、十八世纪的一些地方志上见到。考察童岳荐著作中的食谱，可见一些关于辣椒作为调味品的具体情况，但它们对于追溯早期烹饪中辣椒的使用并不如地方志有价值。一些地方志含有对辣椒味道特点的概括，还有的提供了更具体的用法。表 2.2 开列的是摘录的关于辣椒味道的记述，出自十七、十八世纪的一些地方志，证明了辣椒的广泛使用，与同一时期食谱中辣椒的缺乏形成鲜明对比。地方志的条目有时反映了精英作者对“他者”的看法——应该是社会下层的当地人、少数民族或来自其他地域的人。此外，也可以说是地方志条目将植物或物品介绍给了不熟悉它们的读者。

对辣的强调从地理上看范围很广：沿海和内陆，还有北方、中部和南方。表中列出的一些更具体的用途与童岳荐后来的食谱是一样的，用辣椒给其他的调味品如调味汁、醋、油等增味。此外，它们还直接给标准菜品增添滋味，如腌菜和菜汤。两种早期的资料这样向读者介绍这种新的香料：“味极辣”和“有子，与花椒味俱辛”。这两种地方志的编纂人员还告诫读者：“只需要一点”就足矣！ 1736 年的一种山东地方志可以解读为香料间的竞争：因为辣椒被描述为“更辣”*，它们可能被作为花椒经济实惠的替代品。这些地方志都强调辛与辣，显示出这种美洲作物本土化的一种重要途径。

---

* 从原文看（表 2.2 中有），这一句是“有子，与花椒味俱辛”，并没有强调辣椒比花椒更辣。——译者

表 2.2 部分十七世纪和十八世纪地方志中作为调味品的辣椒

年份	省份（位置）	资料名称	关于辣椒的引文及出处
1690	贵州 （南方，内地）	《黔书》（田雯著）	辛以代咸 （卷 2，第 2b 页）
1694	陕西 （北方，内地）	《山阳县志》	味极辣 （卷 3，第 50a 页）
1736	山东 （北方，沿海）	《山东通志》	有子，与花椒味俱辛 （卷 24，第 2b 页）
1737	甘肃 （西北，内地）	《重修肃州新志》	味辣可作盘辛 （册 6，第 11a 页）
1746	台湾 （南方，沿海）	《台海采风图考》	辛辣 （卷 2，第 8a 页）
1757	福建 （南方，沿海）	《安溪县志》	味辣 （卷 4，第 10a 页）
1759	江西 （南方，内地）	《建昌府志》	味辣 （卷 9，第 2b-3a 页）
1764	广西 （南方，沿海）	《柳州县志》	味辛辣 （卷 2，第 27 页）
1765	湖南 （南方，内地）	《辰州府志》	其壳切以和食品 或以酱醋香油菹之 （卷 15，第 12a 页）
1766	广东 （南方，沿海）	《恩平县志》	味辣……土人每摘之 以入酱中 （卷 9，第 10b-11a 页）
1776	浙江 （中部，沿海）	《海宁州志》	冬月点汤亦可食 （卷 2，第 55a 页）
1779	盛京 （北方，沿海）	《盛京通志》	味至辛 （卷 106，第 9a 页）

到了十九世纪中叶，辣椒在许多菜系中基本上取代了花椒。蓝勇通过梳理刘大器所编的食谱（前文提到），具体考察了花椒使用的下降趋势。蓝勇将刘大器收集的3249种食谱按朝代以是否包括花椒分类。尽管这类食谱汇编并不一定是一种科学的样本，但蓝勇的数据的确显示出从明朝至清朝，花椒的使用呈下降趋势，而这正与辣椒在十六世纪七十年代前后的引进密切相关：

明代食谱（1368—1644年）　　29.7%有花椒

清代食谱（1644—1911年）　　18.9%有花椒[1]

郑褚、藏小满关于川菜辣味的文章，也认为清代中国各地的花椒消费急剧下降。[2]今天花椒在四川和云南依然很受欢迎，常常与辣椒一起用于菜肴，产生麻辣味道。不过，即使是依然常用花椒的地方，辣椒还是在调味中起主导作用。

辣椒取代花椒的一个很好例子，可从下页方框中两种白菜食谱配料表的比较中看到。一种来自十八世纪晚期[3]，另一种来自二十一世纪。[4]

---

1. 蓝勇：《中国古代辛辣用料的嬗变、流布与农业社会发展》，第15页。
2. 郑褚、藏小满：《川菜是怎样变辣的？》，《国学》2009年第4期，第57页。
3. 童岳荐：《调鼎集》，第218页。
4. 红森主编：《辣味美食与健身》，第59页。

拌白菜（约 1790 年）	辣白菜（2005 年）
白菜	白菜
麻油	香油
酱油	盐
醋	醋
洋糖	白糖
花椒	**红辣椒**
豆芽	
水芹	

花椒被辣椒超越，证明了被建构起来的“正宗”之物并不一定是土生土长，而是辣椒的用途改变了中国文化实践的一个实例。十九世纪前中期，辣椒在烹饪上超过了花椒。[1] 这一时期前后，“辣椒”这一名字，在中国大部分地区越来越普遍。因此，当辣椒取代了本地“椒”（花椒）之时，这种迁移而来的作物以一个更通用的名字——辣椒——现身，强调了它在这一味道上居有的优势。

一个相关现象是，十九世纪将辣椒明确作为外来之物的记述日益减少。在本书写作中所翻阅的所有记载辣椒的地方志中（1671—1936 年），

1. 蓝勇：《中国古代辛辣用料的嬗变、流布与农业社会发展》，第 15 页；H. T.Huang, *Science and Civilisation in China*, 6.5:95–96；郑褚、藏小满：《川菜是怎样变辣的？》，第 57 页；笔者本人收集的数据资料。

有 120 种开列了辣椒的一个主要名字，将它们归为外来的；然而其中只有 26 种是在 1899 年之后。可知，随着这种香料越来越融入中国文化，其外来性基本上消失了。这是辣椒成为中国文化“正宗”组成部分的又一标志。

今天中国绝大多数人若不是指称其中的特别品种时，就叫它“辣椒”。如前所述，命名上的这种统一肯定不是最初的做法。尽管“辣椒”这个名字最早使用的时间相当早，是在 1598 年汤显祖的《牡丹亭》中，但直到 1733 年才见之于地方志。[1] 确实，直到十九世纪中后期，辣椒这一名字才在中国内地广泛使用（见表 2.3）。十九世纪初，“辣椒”只在 3 个省使用过，但到了这一世纪末，中国内地 20 个省（包括盛京，台湾与福建分开计算）有 17 个省都已使用。可以说到了二十世纪初，对辣椒的叫法日趋统一，全国一致。对于辣椒使用的一个重要的例外是在四川，这里的常见名字是“海椒”（见下文对于这一名字的讨论）。不过，讨论四川辣椒的学术文章趋于使用“辣椒”。[2] 的确，我参考过的 1949 年之后讨论辣椒的几乎所有的中文二手文献，都是以“辣椒”作为主要

1. 汤显祖：《牡丹亭》，第 113 页。最早使用“辣椒”这一名字的地方志是《广西通志》（1733 年），卷 93，第 28a 页。

2. 滕有德：《四川辣椒》，《辣椒杂志》，2004 年第 1 期；郑褚、藏小满：《川菜是怎样变辣的？》。在四川，使用“海椒”似乎是指从沿海引进而不是强调它的海外起源。当然，辣椒被视作现在四川身份重要的“正宗”的一面。在台湾，“番姜”的名字在台湾方言（闽南话）中依然常见，当然，在普通话中，辣椒是十分流行的。

名字。可以说，随着民族主义在中国的兴起和发展，加上在全国范围内有着广泛影响力的全国性大学和出版机构的发展，辣椒的名字也被国家化了。

表 2.3　地方志（分省）最早使用辣椒这一名字的时间

年	省份（以时间为序）
1733—1754	广西、广东、陕西
1802—1854	江苏、四川、湖北、湖南、安徽、福建、贵州、直隶
1871—1894	江西、浙江、山东、甘肃、台湾、云南
1903—1931	河南、盛京、山西

更通用的“辣椒”这一名字强调了它自身作为一种辣的调味品的用途。向这个名字的转变，也揭示了中国人对辣椒的使用改变他们的文化——这里就是“辣”或“辛辣”的意义——的又一种方法。确如王茂华、王曾瑜、洪承兑在讨论东亚辣椒的文章中所称：“直到辣椒传入后，中国人才拥有一种堪称是正宗的辣味。”[1] 尽管辣的含义在十九世纪中叶已经发生了很大的转变，但出版的词典要保守得多，还是使用长久以来的定义。

清代大部分时间的主流词典是《康熙字典》。这一钦定之作完成于

1. 王茂华、王曾瑜、洪承兑：《略论历史上东亚三国辣椒的传播：种植与功用发掘》，第 313 页。

1716年。"辣"，引用了二世纪的一种文献，定义为"辛甚"。[1]"辛"在《康熙字典》中，作为调味品，定义为"金刚之味"。这种描述将"辛"的味与五行中与之相应的"金"联系在一起。《康熙字典》中还有一个"辛"的用法的例子，给出具体的辛辣植物："元旦，以葱、蒜、韭、蓼蒿、芥，杂和而食之，名五辛盘。"[2]我们在此看到了一个清单，包括了几种标准的辛辣调味品。这个清单，因为定义的保守性质，尤其是倾向于参考更早的先例，因此没有包括辣椒，这并不奇怪。公开出版的对于"辣"的定义，直到二十世纪才承认这个字与辣椒的关系。最终，辣椒与"辣"的意义，在二十世纪和二十一世纪的词典中直接联系了起来。[3]在二十世纪九十年代出版的《汉语大字典》中，"辣"的第一个定义是"姜、蒜、辣椒等带刺激性的味道"。[4]《现代汉语规范词典》（2004年）在对"辣"的定义中强调了辣椒，将它移到了前面："像辣椒、蒜、姜等有刺激性味道的。"[5]

---

1. 张玉书等编，渡部温订正，严一萍校正：《校正康熙字典》，第1册，台北艺文印书馆，1965，第2838页。"辣"是以一个变体字的形式开列，将"辣"字的左右部分调换："辢"。这一定义是源于二世纪时的《说文解字》一书。

2. 张玉书等编、渡部温订正、严一萍校正：《校正康熙字典》，第1册，第2836页。

3. 我翻阅了二十世纪和二十一世纪编纂的一些重要字典，当然未能做到穷尽。

4.《汉语大字典》，四川辞书出版社，1993，第1681页。中国社会科学院语言研究所编《现代汉语词典》（商务印书馆，2012，第767页）有着几乎相同的定义，包括姜、蒜、辣椒同样顺序排列。

5. 李行健主编：《现代汉语规范词典》，外语教学与研究出版社，2004，第776页。

可以说，辣椒已经变成了“辣”确实含义的能指物（signifier）。事实上，下面这些今天使用的短句中，“辣”的意思就被广泛视为辣椒：

我想吃辣的。

我不吃辣的。

我怕辣。

尽管“辣”依然用于形容蒜、姜等味道强烈的东西，但作为一个分类词（classifier），它通常代表辣椒。可以说，到了二十世纪中后期，辣椒的强烈辣味改变了辣在中文的写作和口语中的使用方式。

尽管辣椒的食用记载可以追溯到 1621 年，但食谱的精英作者们都忽视了这种调味品，直到童岳荐才把它收入《调鼎集》（约写于 1790 年）。可以说，到了十九世纪初，辣椒终于跻身食谱。“粗鲁”的辣椒不再被排除在描述精英的烹调菜肴之外，这证明了更深层次的整合。我们在高濂的家乡杭州地区的两部地方志中，可以继续看到精英关于辣椒写作的转变：从将这种植物作为装饰品，到承认它作为一种食用作物的重要性。在 1686 年刊行的《杭州府志》中，辣椒见于茄子条目的结尾处：“又有细长色纯丹，可为盆儿之玩者，名辣茄，不可食。”[1] 1776 年刊行的《海宁

1.《杭州府志》（1686 年），卷 6，第 23a 页。

州志》（海宁属于杭州），一上来就引用了此前《杭州府志》的条目，逐字照抄，直到出现辣椒名字的地方，去掉了“不可食”。《海宁州志》接着说：“冬月点汤亦可食，圆细者为天茄。”[1]在这一地方志中，作者不仅承认它用于食物，甚至具体举出了在汤中使用的例子。这就很好地回答了本章开篇题诗的疑问：“尝新谁欲问？”[2]此外，他们还认识到正在种植的辣椒不止一种。对比这两种文献，证明了很多精英作者最终摆脱了对这种闪光发亮、能够带来激情的果实的偏见。

地域使用

地域条件，包括气候、地理和当地的烹饪传统，提供了影响辣椒的接纳与利用的当地环境。环境在辣椒的地域使用中当然起着作用，但我并不是说它是唯一起作用的，同几乎所有的历史变迁一样，都要涉及多种因素和原因。不同的地方有不同的接受方式，除了替代花椒之外，还有别的例子。辣椒也被描述为胡椒、姜、盐的替代物。不过，对于这些调味品的每一种来说，这种等效似乎只限于某个特定的区域。虽然具体

1.《海宁州志》（1776 年），卷 2，第 55a 页。

2. 吴省钦《辣茄酱》，见《白华前稿》（1783 年），卷 38，第 9b 页。

替代有助于辣椒在特定地区获得吸引力，但要强调的是，辣椒也在这些地方有着其他的用途。虽然某一特定用途在某些区域占主导地位，但每个地方都存在多种用途。

辣椒和胡椒都归属“辛”，因此替代是合乎逻辑的。胡椒对于中国来说必须进口，辣椒作为它的替代品是受到了经济因素的强烈影响。陈淏子在 1688 年的园艺著作中指出：“人多采（菜）用，研极细，冬月取以代胡椒。”[1]陈淏子同高濂一样，是杭州人，显然也没有到远离江南的地方游历过。[2]因此很可能中部沿海地区的精英有时用辣椒代替胡椒。一些内地省份如湖北和湖南的地方志，明确说到辣椒用作胡椒的替代品，有的地方志包括了辣椒的名字，暗示出了它有多种用途，有一部甚至强调了辣椒的优越性。

表 2.4 开列了辣椒的一些名字，其中有“胡椒”。那些表示辣椒的名字中含有“胡椒”，暗含着作为调味品，它们除了外形或味道相似，用法也相似。“大胡椒”几乎可以肯定是指辣椒果实比胡椒粒要大。“赛胡椒”和“辣胡椒”两者要表达的是，辣椒比胡椒要辣。而“土胡椒”或许是认识到了辣椒长得比胡椒藤更靠近地面。“胡椒角”描述的是常见辣椒果实的弯曲形状。这些材料除了一种以外，都来自内地省份，可以想见，这些

---

1. 陈淏子：《秘传花镜》（1688 年），卷 5，第 43b 页。

2. 刘昌芝：《陈淏子》，见杜石然主编《中国古代科学家传记》下集，科学出版社，1993，第 989—991 页。江南是长江下游三角洲地区。

表 2.4 地方志所见辣椒名字涉及胡椒的记载

名字	省份	年代	作为“主名”还是“又名”	地方志	描述为胡椒的替代品
大胡椒	湖北	1758	主名	《蕲水县志》卷 2，第 37a 页	否
大胡椒	湖北	1794	主名	《蕲水县志》卷 2，第 35b 页	否
大胡椒	湖北	1866	主名	《郧阳县志》卷 4，第 54b 页	否
大胡椒	湖北	1868	主名	《通山县志》卷 2，第 68b 页	否
大胡椒	湖北	1884	主名	《黄州府志》卷 3，第 63b 页	否
地胡椒	湖南	1765	又名	《辰州府志》卷 15，第 12a 页	是
地胡椒	陕西	1814	主名	《汉中续修府志》卷 22，第 4a 页	否
地胡椒	湖南	1818	又名	《龙山县志》卷 8，第 12b 页	是
地胡椒	安徽	1826	又名	《繁昌县志》卷 6，第 20b 页	否
地胡椒	陕西	1832	主名	《续修宁羌州志》卷 3，第 32a 页	否
地胡椒	湖南	1871	主名	《保靖县志》卷 3，第 16b 页	否
地胡椒	陕西	1924	主名	《汉南续修郡志》卷 22，第 4a 页	否
赛胡椒	湖北	1777	主名	《郧阳县志》卷 4，第 6a 页	否
赛胡椒	湖北	1866	又名	《房县志》卷 11，第 106 页	否
赛胡椒	湖北	1921	又名	《湖北通志》卷 22，第 16a 页	否
辣胡椒	江西	1860	主名	《袁州府志》卷 10，第 2a 页	否
胡椒角	江西	1871	又名	《奉新县志》卷 1，第 38a 页	否
胡椒鼻[1]	福建	1834	又名	《永安县续志》卷 9，第 3a 页	否
无	湖南	1824	—	《凤凰厅志》卷 18，第 11b 页	是，“许多人”
无	湖南	1877	—	《乾州厅志》卷 13，第 11a 页	是，“许多人”
无	湖北	1866	—	《来凤县志》卷 29，第 9b 页	是

1. 并不清楚这个名字的意思。它可能是说辣椒比胡椒长。不过，“鼻”字也有一种不太常用的字面意思，指“源起”“开始”“创始”（《汉语大字典》，1983 年），可能是说辣椒胜于胡椒。

地方的胡椒比商人从南亚直接运达的沿海地区更稀有、更昂贵。沿海的史料出自福建，是该省内陆的一部县志，这个县离江西比它离海岸线更近。将辣椒用作胡椒的替代品，在长江中游尤其是湖北和湖南（见地图2.1）最常见。“赛胡椒”这个名字也暗含着竞争甚至取代。本地种植的辣椒相比于进口、昂贵的香料，味道更强烈。虽然辣椒不是土生土长，但可自家种植。因此，个人或家庭可以种植辣椒而不用进口，这一事实给它们被建构的“正宗”身份以及对于地域的重要性增添了砝码。

在台湾，最早的辣椒名字提供了又一种地域不同的采用方式的证据。1746年对台湾动植物的调查指出：“番姜藤本种自荷兰……番人带壳啖之。”尽管这部作品的编纂者注意到“内地名番椒”[1]，但在台湾最早的史料中，主要使用“番姜”这一名字，这支持了台湾是辣椒一个进入点的说法，因为居民们自己为这种植物起了名字。我所查阅的地方志，出版时间是从1746年到1895年，除了一部以外，番姜是辣椒在台湾的主要名字。二十世纪之前，台湾文献是唯一用此作为辣椒的主要名字者。事实上，番姜到现在仍然是台湾方言（闽南话）中对辣椒最常见的称呼。[2]姜原产于中国南方，生长在亚热带气候（如台湾）以及热带气候地区。姜作为一种调味品，广泛用于台湾菜肴，包括台式客家小炒、台式

1.《台海采风图考》（1746年），卷2，第8a页。

2. 张之杰：《台海采风图考点注》，上册，新北中华科技史学会，2011，第33页。

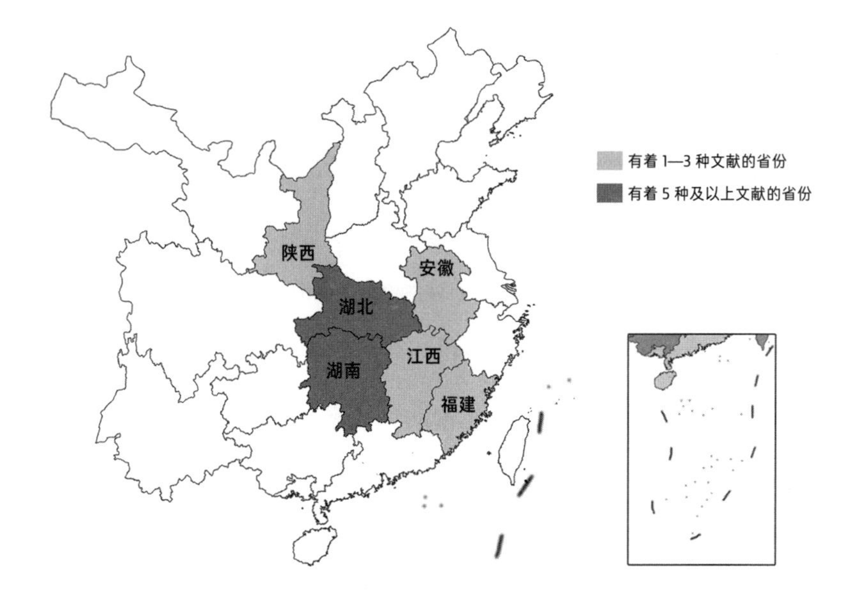

地图 2.1　一些辣椒名字中有“胡椒”字样的省份。笔者制图，使用的是“中国历史地理信息系统”（China Historical GIS,v. 4.0，1820 年边界）以及 ESRI ArcMap,v.10.0

卤猪脚、台式炸透抽。[1]名字的选择证明台湾人很可能已开始将辣椒融入他们的菜肴，与另一种具有辛辣味道的姜的地位相同，而不是花椒、胡椒或盐。

在帝国晚期的著述中，辣椒也被描述为盐的替代品。然而，辣椒从未完全取代食盐。盐，也就是氯化钠，人的生命必不可少之物。钠尤其

1. 台式客家小炒，https://www.xinshipu.com/zuofa/145688；台式卤猪脚，https://www.xinshipu.com/zuofa/98620；台式炸透抽，https://www.xinshipu.com/zuofa/647899。都是 2018 年 7 月 30 日访问。

是人体的各种生理功能所必需，包括神经冲动、肌肉收缩和放松、血压调节和体液平衡。但是，这些只需要很少量的钠。由于盐能增强风味，大多数人会消耗更多的盐。正是在盐作为调味品而不是维持生命特性的意义上，辣椒成了它的一种替代品。

盐的生产、运输和销售都要经过晚期帝国政府的许可，这自然就抬升了它的价格。明清政府通过食盐许可证和课税获得了可观的收入。[1]因为有着许可证和课税，因此也普遍存在着私盐现象。蒋道章（Tao-chang Chiang）估计，清代所消费的一些食盐来自走私而没有获得过许可。蒸发地表卤水出产的食盐主要沿海岸线分布（占十九世纪全国总产量的84%），但在西北的盐湖也有小规模生产。煎烧地下所汲卤水制盐的中心是在四川、山西，还有云南。食盐生产需要维护设备以及劳动力等成本，这些都要算入最终产品的价格中。此外，食盐在生产商和消费者之间多次倒手（无论是合法移动或走私），再次抬升了价格。贵州和广西内陆山区省份得盐最难。事实上，广西是唯

1. 更多关于盐业的论述，见 Tao-chang Chiang, "The Salt Trade in Ch'ing China," *Modern Asian Studies* 17, no. 2 (1983): 197–219; Ray Huang, "Ming Fiscal Administration," in *The Cambridge History of China*, vol. 8: *The Ming Dynasty, 1368–1644*, part 2, ed. Denis Twitchett and Frederick Mote (Cambridge: Cambridge University Press,1998), 139–44; and Madeleine Zelin, *The Merchants of Zigong: Industrial Entrepreneurship in Early Modern China* (New York: Columbia University Press, 2005), esp. 3–6。

一不出产任何食盐的省份。[1]最早提到辣椒替代食盐的材料源于田雯1690年所写的关于贵州的文章，指出食盐在那里很稀见，接着说辣椒是“辛以代咸，只诳夫舌耳，非正味也”[2]。田雯，时任贵州巡抚[3]，他很清楚，所找到的辣椒勉强算是食盐的替代品，不是为了增强食物的味道，只是骗人罢了。因为“咸”在五味中与“辛”不属于同一范畴，他质疑辣椒能够轻易地替代食盐作为增味剂是有道理的。此外，身为这个省最高级别官员，他或许认识到支持使用能给中央政府带来可观收入的产品，是他的职责所在。食盐的价格可能是人们用辣椒替代它的主要原因。黄仁宇注意到：“专卖制度紊乱之时，零售价格可能会飙升至正常水平的三四倍，十七世纪头十年湖广的情况就是这样。此种情况下，这种日用必需品已经不是平常百姓能够得到的。”[4]十七世纪二十年代食盐生产又遇到一个全面的危机，盐商濒临破产，原因是官府和商人的管理不善、腐败、政府要求更多的收入以及盗匪，这再次将盐价抬升得更高。[5]可以说，在十七世纪二十年代辣椒进一步得

1. 这一论述参考了 Chiang, “The Salt Trade in Ch’ing China,” 205, 198, 197。

2. 田雯：《黔书》（1690年），卷2，第2b—3a页。

3. Arthur W. Hummel, *Eminent Chinese of the Ch’ing Period* (Taibei:Southern Materials, [1943] 1991), 719.

4. Huang, “Ming Fiscal Administration,” 143.

5. 十七世纪二十年代的盐业危机，见宋应星《野议》（1636年），上海人民出版社，1976，第35—38页。

到传播的同时，一些地区盐价飙升，这可能使这种新引进香料作为一种经济实惠的替代品而更加流行。陈文超在一篇关于湖南辣椒的短文中指出，食盐在该省运输的困难，加上辣椒种植的方便，遂使得农民认为辣椒是一种极好的经济实惠的调味品。[1]经济实惠所起的作用不限于胡椒，尤其是考虑到食盐消费的普遍需要，可以说它不只是用辣椒替代食盐的人的一个考量因素，而是他们全面采用辣椒的原因所在。后来的贵州地方志作者更清楚地知道是哪些人正在用辣椒替代食盐：

> 1722年《思州府志》："土苗用以代盐。"
>
> 1741年《贵州通志》："苗用以代盐。"
>
> 1818年《正安州志》："土人用以代盐。"[2]

大约十九世纪中叶之前，非汉族人口占贵州人口的大多数。直到十八世纪，该省基本上是一个边疆地区。[3]住在山区的少数民族，远离

---

1. 陈文超：《湖南辣椒发展状况》，《辣椒杂志》2007年第2期，第8页。

2.《思州府志》（贵州，1722年），卷4，第19a页；《贵州通志》（1741年），卷15，第53b页；《正安州志》（贵州，1818年），卷3，第1b页。

3. Laura Hostetler, *Qing Colonial Enterprise: Ethnography and Cartography in Early Modern China* (Chicago: University of Chicago Press, 2001), 101–5.

城市，是最少融入货币经济的[1]，其中应该也包括食盐。地方志并没有明确记载是哪里的少数民族在用辣椒替代食盐，但是思州和正安州都是山区，距离城市遥远。在邻近的广西，用辣椒替代食盐，同样与少数民族有关，尤其是瑶族和苗族，他们也生活在山区。[2]这并不奇怪，少数民族有时在专卖制度之下很难买到盐，从而要用更为实惠的辣椒取而代之。此外，由于辣椒“富含维生素 A 和 C、铁、钙等矿物质”，它们“在其他富含高维生素食物不能很好生长的偏远地区和山区”大受欢迎。[3]因此生活在贵州、广西，尤其是山区的少数民族，可能由于辣椒比食盐要经济实惠而被它吸引，又由于它对健康大有好处从而扩大了它的使用范围。

在地方志中辣椒最早使用的名字是“海椒”，是在 1684 年的湖南。这也是湖南已知最早的辣椒条目。尽管这个名字暗含着认识到了辣椒从海外而来，但它只是出现在内陆省份的地方志中（见地图 2.2）。因此，情况可能是：这一名字提及的是从沿海引进内地，而不是从海外引进。这或许也意味着它一开始被观察到作为一种“椒”，是水手在海上、在

1. Norma Diamond, “Defining the Miao: Ming, Qing, and Contemporary Views,” in *Cultural Encounters on China's Ethnic Frontiers*, ed. Stevan Harrell (Seattle: University of Washington Press, 1995), 95–97.

2.《广西通志》（1733 年），卷 93，第 28a 页。

3. Anderson, *The Food of China*, 131.

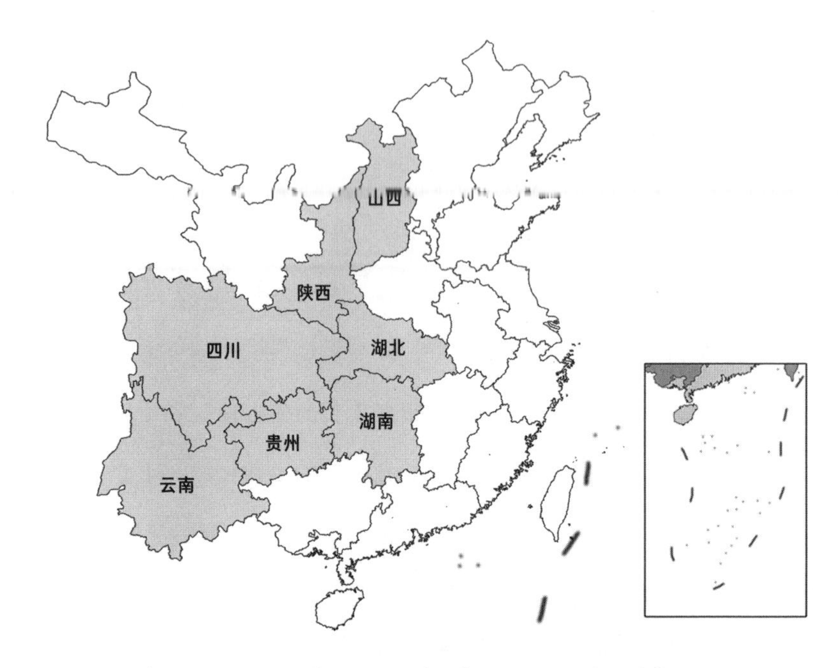

地图 2.2　曾用“海椒”称呼辣椒的省份（全部是内陆地区）。笔者制图，使用的是“中国历史地理信息系统”（China Historical GIS, v. 4.0，1820 年边界）以及 ESRI ArcMap,v.10.0

船上使用，或是与海鲜或鱼一起食用。虽然不可能确定这个名字的原义，但它肯定划定了地理范围，而且作为辣椒的名字在沿海地区从未有过突出的地位。今天在四川——日常消费辣椒的典型省份（甚至可以说是最典型的），对于辣椒的俗称还是海椒。辣椒作为川菜的主导特色，当然不会因为继续使用这个名字而有丝毫减弱，这个名字只是强调了辣椒不是这个内陆地区的原产。

中国各地不同的地理和气候引起了这些地区的一些人开始用辣椒替代其他调味品。辣椒很容易在这些地区生长，这一事实是辣椒得到使用的起点。使用辣椒来替代胡椒主要是在内地，这里进口的胡椒极少，价格昂贵。在地处亚热带的台湾，辣椒与姜有着联系，它的使用方式可能与姜这种辛辣调味品相同。食盐在贵州和广西最为稀缺，也最昂贵，这里的记录强调的是少数民族用辣椒替代食盐。辣椒在中国变得广受欢迎，原因之一是它们可以适应不同人群。生活在某些地方比如山区的人，发现辣椒满足了他们对一种富含维生素的作物的需要，而对于不是每顿饭都能吃得起食盐的人来说，辣椒提供了一种可行的替代调味品。经济条件和地理位置，尽管从未是独有的因素，但肯定对某些人选择吃这种香料产生了影响。

品种多样

判断某种作物受欢迎程度的一种间接方法，是看这种植物正在种植的品种有多少。品种数量的增加，至少是文献强调品种数量有了增加，是被使用也是受人欢迎的明显迹象。因此提到的辣椒品种为数众多，是对下面主张的有力反驳：许多文献中不见有辣椒的记载，这意味着几乎没有中国人在食用辣椒。品种多样，可以满足不同的个人口味、地域偏好，并能与不同菜肴品种甚至烹饪风格相搭配。到了十七世纪末，中文文献开始提到辣椒的多个品种。[1] 在整个十八世纪，提到品种增加了，到十九世纪中叶，即使是地方志简短条目也常常提到至少两个品种。虽然很可能有多个品种的辣椒（*Capsicum annuum*）进入中国，但后来资料中所讨论的一些品种，尤其是到了十九世纪中叶，几乎可以肯定，都是在中国为了特定的口味（辣味）、形状或颜色而培育出来的，这是辣椒进入中国改变自身的一个具体例证。

很难确定帝国晚期中国种植有多少辣椒品种。胡乂尹在讨论中国辣椒名字的文章中，开列了她在史料所见的帝国晚期和民国时期的 28 个品种的名字。[2] 王茂华等人在文章中，开列了 33 个品种的名字。[3] 我的研究，发现了 42 个不同的品种名称。然而，这些名称中有一半似乎是品种在地域命名上的变体而不是不同的植物品种。这意味着，就文字史料而言，十九世纪中后期时，在中国可能种植有 20 个品种。值得指出的是，日本植物学家伊藤圭介（Itō Keisuke）在十九世纪末出版了含有 50 种辣椒的系列绘本图书。[4] 因此很有可能中国人种植的辣椒品种比记录的要多。

1. 例如田雯《黔书》，卷 2，第 3a 页。
2. 胡乂尹：《辣椒名称考释》，第 71 页。
3. 王茂华、王曾瑜、洪承兑：《略论历史上东亚三国辣椒的传播：种植与功用发掘》，第 309 页。
4. 引自王茂华、王曾瑜、洪承兑：《略论历史上东亚三国辣椒的传播：种植与功用发掘》，第 312 页。

很多史料都没有具体说明品种——只是提到有两种，比如长和圆、红和绿、大和小（见图 2.4 和 2.5）。最早提到的具体品种是“天仙椒”（1689 年）。这个名字可能是对这种红光发亮的辣椒之美的评价之词。[1]

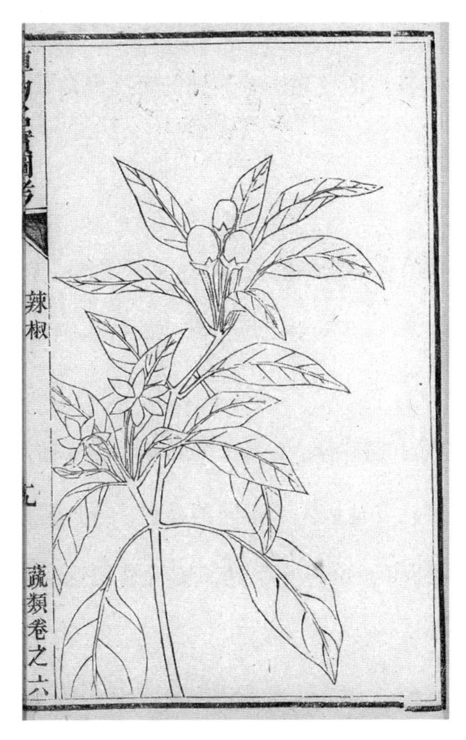

图 2.4　不明品种的圆辣椒的木版印刷品。吴其濬：《植物名实图考》（1848 年），卷 6，第 19a 页。使用得到哥伦比亚大学东亚图书馆的许可

1. 屠粹忠：《三才藻异》（1689 年），卷 31，第 19a 页。

最常提及的品种是“朝天椒”。因为很多作者都指出了这个品种的尖头果实是向上生长，言下之意，有许多尖头品种是向下生长。[1]许多史料强调了这一品种的果实极辣[2]，但也有些没有给出评论。今天，有着这个名字的一种辣度适中、尖头且具有向上生长特征的辣椒，在四川成都地区尤为流行（见图 2.5）。[3]清代一些品种的外表与它们今天的品种相同，但味道可能有一定程度的变化。所提到的帝国晚期常见品种包括下面的一些：

尖的：鸡蹯椒、羊角椒、牛角椒、佛手辣茄、七姊妹

圆的：灯笼辣、鸡心椒、纽子椒、樱桃椒、柿子椒

从十九世纪前中期开始，名为“柿子椒”的具体品种变得相当常见。尽管这个名字在各地域用于不同的品种，但它常常是指英文的 the sweet pepper 或是 bell pepper。有数条史料描述这一品种或红色或黄

---

1. 例如《长沙县志》（湖南，1817 年），卷 14，第 12b 页。朝天长辣椒的其他名字有：“天椒”，《盛京通志》（1736 年），卷 27，第 44 页；“指天椒”，《容县志》（广西，1897 年），卷 5，第 7b 页；“冲天椒”，《个旧县志》（云南，1922 年），卷 5，第 10a 页；“朝天笔”，《永安县续志》（福建，1834 年），卷 9，第 3a 页。这些可能只是同一栽培品种的不同地域性名字，但也可能是两个或更多的不同品种。

2. 例如《贵阳府志》（贵州，1841 年），卷 47，第 6a 页。

3. Dunlop, *Sichuan*, 54.

图 2.5　四川成都地区的朝天椒，2015 年

色，且不是很辣。[1] 事实上，现在柿子椒在五味中，普遍归属“甜”而不是“辛”。形状和颜色可能在这个名字的形成中起了最大的作用。考虑到柿子用于烹饪前需要多重加工程序，因此“柿子椒”的得名可能是因为被用来增加菜品颜色，而不是因为像柿子般加工使用。[2] 今天使用柿子椒重在为菜肴增添色彩，这反映在它更为常见的当代名字“彩椒”上。

1. 例如《遵义府志》（贵州，1841 年），卷 17，第 6a 页。

2. Frederick Simoons, *Food in China: A Cultural and Historical Inquiry* (Boca Raton, Fla.: CRC Press, 1991), 213–16.

另一个当代名字——甜椒，强调了它不辣。

对不同品种的讨论可以思考一种特定的作物得以整合并最终本土化之路。中国的辣椒当然是为了特殊口味、颜色和形状以满足当地需求而培育的。品种的名称反映了地方的命名方法，常常援用的是当地人人皆知的形状——比如鸡爪、羊角、鸡心、樱桃。“佛手”品种几乎可以肯定是指柑橘类水果，因为它们分瓣。长辣椒的形状非常像佛手类水果的“手指”。“七姊妹”这一品种通常描述为每枝上有七个辣椒果。中国各地七月初七——七夕——庆祝的是织女和牛郎每年相会。在中国南方的一些地方，特别是在广州，七夕节称为姊妹节，指的是织女和她的六个姐妹。[1]可以说，随着品种的增加，这种进口植物也日益融入各地域的文化传统。

中国的培植者对辣椒的改进一直持续到今天。这些新品种种类繁多，满足了广泛的需求。杭椒中有一淡黄色品种，称为“白椒”，使用它主要是取其鲜美味道而不是作为香料。四川成都流行的“朝天椒”既可以当蔬菜又可以作香料。特别红的“美人椒”既作香料，颜色也可人（图0.1 的左下方所示）。极辣的“小米辣”也颇受欢迎，尤其是在以食物特别辣而闻名的地区（图 0.1 的顶部中心）。“皱皮辣椒”很大程度上是为了满足视觉好奇而培育的例子（见图 2.6，也见图 0.1 右侧）。为了使辣

1. 见 Janice E. Stockard, *Daughters of the Canton Delta: Marriage Patterns and Economic Strategies in South China, 1860–1930* (Stanford, Calif.: Stanford University Press, 1989), 41–44。

椒适应中国的各地域条件和人民的喜好，许多品种已被开发，并被继续开发，这造成了辣椒的整体多样性改变。

作为蔬菜的辣椒

对于许多经常食用辣椒的中国人来说，辣椒远不只是一种辣的调味品。对他们来说，辣椒也是蔬菜。新鲜辣椒尤其如此，一些腌制的辣椒也是如此。可以说，辣椒作为食物，而不仅是添加到食物之中，这进一步促进了人们对它的接纳。辣椒用作一些菜肴的主要原料，甚至它本身就是一道菜。在地方志中，编纂者对物产分门别类，八成以上都将辣椒归为“蔬”或“菜”。在记载有辣椒并进行分类的农书或是植物学著述中，只有一半多一点将辣椒列为蔬菜。在三种将药材分类的医书中，两种将辣椒列为蔬菜。在 1848 年植物汇编中，吴其濬（1789—1847 年）观察到：“江西、湖南、黔、蜀种以为蔬。”[1]吴其濬生于河南，与九成左右的科举考试落第者形成了鲜明对比，1817 年他不仅高中进士且获得了人人梦寐以求的状元，由此在官僚体系平步青云。他宦迹遍及福建、湖北、湖南、江苏、江西、山西、云南，官至以上数个省的巡抚。他也曾在

---

1. 吴其濬：《植物名实图考》（1848 年），卷 6，第 19b 页。

图 2.6　皱皮辣椒。云南昆明，2017 年

利润丰厚的盐政部门担任要职。在他的为官生涯中，有机会观察辣椒在各地的使用情况。[1]将辣椒描述为蔬菜的文献，表明新鲜辣椒可以切碎并

1. 支伟成：《清代朴学大师列传》（1924 年），收入周骏富辑《清代传记丛刊》第 12 册，台北明文书局，1986，第 677 页；钱实甫编：《清代职官年表》，第 2 册，中华书局，1980，第 1456—1467 页、1677—1690 页。

作为一道菜的主料，而不仅仅是调味品。此外，数种文献强调辣椒果实可以生吃（见表 2.5）。

表 2.5　部分记载辣椒作为蔬菜生吃的文献

年份	作者	省份	书名	关于辣椒的文字
1764		广西	《柳州县志》	生食（卷 2，页 27）
1820	郭麐	江苏与浙江	《樗园销夏录》	北人堆盘生食，以盐蘸之（第 18 页）
1828		湖南	《永州府志》	土人每取青者，连皮生噉之（卷 7 上，第 8a 页）
1848	吴其濬	多地	《植物名实图考》	贫者茹生菜（卷 6，第 19b 页）
1886		直隶	《顺天府志》	青时可生食（卷 50，第 6a 页）

这五部作品证明了将辣椒作为蔬菜生吃的方法广泛分布于中国内地，还揭示了一些精英作者视这种类型的消费是“他者”的作为。郭麐，生活在江南中部沿海地区，把此归为地理上的他者即“北方人”所为。尽管郭麐评论北方人“以盐蘸之”并不意味着贫穷，但另外两种文献确实将生吃辣椒与社会下层联系了起来。在湖南永州的地方志中，作者把这种做法与自己划清界限，把它投射到“土人”，几乎可以肯定是一种含蓄的阶层划分。吴其濬对生吃辣椒的阶级差异表述得最为明确，声称只有“贫者”像蔬菜一样生吃辣椒。与此形成对比的是，他声称精英们

吃辣椒酱，只是作为调味品而已。[1]

把辣椒当作蔬菜，也可以从名字上看出来，名字利用了受欢迎的蔬菜——“茄”。最早记录辣椒的地方志，是在1671年，称之为“辣茄”。[2]其他使用了“茄”字命名辣椒的，包括“椒茄”和“茄椒”。[3]茄子和辣椒都属于茄科植物。这类植物的叶、花、种子的形状都相似。茄子是在四世纪从南亚或东南亚传入中国的。[4]一些辣椒的史料，除了名字中使用“茄”字，还点出了视觉上的相似之处，比如说“结子如茄”。[5]这种命名和描述的比较，可能仅仅反映了形态上的相似，而不是它们在烹饪方式上的任何重叠。然而，做此联系的一些人会用不怎么辣的辣椒当作蔬菜，与茄子的使用方法类似，取其颜色与质地。当然，当代中国菜里的甜椒是当蔬菜用的。今天许多菜中使用这种甜椒，是当蔬菜而不是调味品，例如“彩椒炒玉米”或“彩椒炒鸡丁”。也有整道菜全是辣椒的。有道美味的菜就是奶油糊炸辣椒，在傣家风味餐馆很常见。作为促成地域认同的一部分，一些地方制作了有特色的菜单，将自己与其他地域区别开来。其中的一份菜单中，陕西人被描述为只用辣椒做菜，这是把辣椒当

---

1. 吴其濬：《植物名实图考》，卷6，第19b页。

2.《山阴县志》（浙江，1671年），卷7，第3a页。

3. 例如，《建昌府志》（江西，1756年），卷13，第12b页；《建昌府志》（江西，1759年），卷9，第2b页。

4. Simoons, *Food in China*, 169.

5.《重修肃州新志》（甘肃，1737年），第6册，第11a页。

作蔬菜而不仅是调味品。[1]

辣椒也以几种不同的方式保存，通常因地而异：在北方，用醋腌制很普遍；在南方，如湖南和四川，用盐腌制更典型。这些腌制的辣椒可以单独食用，也可以作为一道菜品的装饰菜，或作为蔬菜的配料混合在一起。腌制的辣椒保留了大部分的颜色，当新鲜辣椒不当季时，用它们可以让一道菜赏心悦目。事实上，用盐腌制可以让辣椒显得更红。另外，生的和腌制的辣椒对健康也大有好处。烹饪、腌制和干燥的辣椒会造成维生素 C 流失，所以生辣椒和以其他方式保存的辣椒中的这一基本维生素要更高些。[2]

把辣椒归类为蔬菜，是我们可以看到的将辣椒用于调味品之外的烹饪领域之一。太多的作者和编纂者把辣椒归为蔬菜，并描述了那些将辣椒当作蔬菜食用的人，这证明了中国人吃辣椒的方式与其他调味品大不相同。尽管腌蒜瓣在一些地方很受欢迎，但大蒜最常用作调味品，而不是蔬菜。有时用辣椒来替代的其他调味品——盐、花椒、胡椒、姜，几乎不单独食用。因此，在最典型的辛辣调味品中，辣椒是唯一广泛既作为调味品又作为蔬菜而食用的。

---

1. “第三怪”，海报，陕西西安，作者于 2014 年所见（图 5.3）。

2. Jean Andrews, *Peppers: The Domesticated Capsicums* (Austin: University of Texas Press, 1995), 79–81.

中国人将辣椒融入他们的饮食，对于这种外来植物的采用来说是最重要的途径。最开始使用辣椒，特别是在精英阶层之外，可能是作为其他调味品的替代品。这至少在一定程度上是由于经济原因，因为辣椒基本上不需要花钱。另外，在某些时候和某些地方，它是唯一可以得到的充裕的调味品——尤其是在盐业危机期间。然而，如果辣椒一直只是其他调味品经济实惠的替代品，那么我们就不能认定它已完全整合成为被建构的"正宗"之物。它们将只是所代表口味的苍白无力的反映，"只诳夫舌耳"，直到真正的调味品再次出现或买得起为止。[1] 然而辣椒已经不仅仅是作为一种暂时的替代品，成为"每食必用，与葱蒜同需"[2]。到十八世纪末，一些精英作者，如吴省钦（他的诗句出现在这一章的引语中），开始将辣椒融入文学，成为文化整合的又一例证。一部十九世纪中期的地方志强调了辣椒作为家内作物必不可少的作用——"园蔬要品，每味不离"。[3] 到十九世纪中叶，辣椒在中国内地全然实现本土化，许多地方天天都在消费辣椒。

对中国辣椒消费历史的分析，强化了地域地理和文化差异对于理解历史的重要性。辣椒的用法各地不同。它们有时候在内陆地区替代胡椒，

1. 田雯：《黔书》，卷 2，第 3a 页。
2.《镇安县志》（陕西，1755 年），卷 7，第 13a 页。
3.《遵义府志》（贵州，1841 年），卷 17，第 6a 页。

因为那里进口香料会特别昂贵。辣椒与食盐最直接的竞争，是在食盐最为稀缺的贵州和广西等地区。辣椒与姜发生联系，主要是在台湾。虽然各地辣椒的用法有相同之处，不过它的多用途使得当地人能够将这种引进植物与当地实际的独特做法相结合。辣椒在整个中国内地都有其意义，而且在各地也别有意义。确实，到了二十世纪初，辣椒消费已经成为几个地域特别是四川和湖南的身份标签。

绝大多数明确提到辣椒替代其他调味品的文献，都是十七世纪或十八世纪的，最晚的材料是 1877 年。如此说，这种替代到了十九世纪初就不再普遍。表 2.2 所开列的地方志引文，证明了某些人对辣椒的使用甚至在十七世纪和十八世纪，已经远不只是拿它作为替代品。表中有十二条，只有一条提到替代。另外，有十条强调它自身作为刺激性也就是辣的调味品的用途。尽管第十一条没有具体开列味道类型，但确实说了“冬月点汤亦可食”[1]。这些材料有一条也显示了辣椒和其他辛辣调味品的竞争，断言它“有子，与花椒味俱辛”[2]。香料之间的竞争，证明了辣椒靠着自身获得了正统地位，而不仅仅是作为替代品。我们在一些地域的辣椒名称中也可以看到类似的模式，如“赛胡椒”。事实上，尽管花椒可能是开始就与辣椒竞争的最不贵的调味品，但最终在受欢迎程度上

1.《海宁州志》（浙江，1776 年），卷 2，第 55a 页。

2.《山东通志》（1736 年），卷 24，第 2b 页。（此处的理解似有问题，并不含有竞争。——译者）

还是被这个闯入者取代了。辣椒的成功可以说不只是经济的原因，因为它超越的是一种廉价的土生土长的香料。辣椒的域外、别样刺激味道一开始就战胜了一些精英作者的胃口；同时，它作为维生素、蔬菜、防腐剂和香料，集美味和营养于一身，自家菜园中随处可见，且不用花钱，使它无可抗拒，广被接受。

第三章

丰富了药典

治各痔疮神效。

——徐文弼，1771 年*

中国早在 1621 年就开始了辣椒的药用。1771 年的记载说它有着“神效”。辣椒整合进入传统中医分类系统，加上对于食用辣椒之于健康影响的观察（经验证据），这些对于接纳辣椒来说必不可少。这种采用和整合的重要性与医学分类有着重叠，也影响着辣椒的食用。中医体系中药材的两个关键方面是“味”（味道）与“性”（先天具有的或温或凉等特性）。的确，中国植物史学者乔治·梅泰利（Georges Métailié）认为，弄清楚具体物品的这些特点是“治疗学的基础”“使得医生能够在做出

* 徐文弼：《新编寿世传真》（1771 年），收入《续修四库全书》第 1030 册，上海古籍出版社，2002，第 160 页。

诊断后，选择适合的药物用于治疗。”[1]“味”与健康密切相关，许多标记为食品或调味品的东西也用于医疗，这从最早记载有辣椒的医书《食物本草》的名字就能看得一清二楚。中国文化中难以在烹饪和医疗间划一条清晰的界线，十一世纪医疗专家陈直就曾强调：“善治药者不如善治食。”[2] 1621年刊行的《食物本草》，不但是最早含有辣椒的医书，也是最早明确将辣椒纳入烹饪的文献。[3]此外，备办物品以药用，有时也与备办食用直接重叠。徐文弼在1771年的医书中，描述了如何将辣椒用于治疗：“切细和酱及猪油炒作菜料。”[4]这样的制药，实际上就是在做一道“菜”。为了分析中国辣椒的文化史，我把辣椒的食用和药用分两章讨论，不过其中一些内容会跨越这种人为的划分，这一点会在这一章和最后一章都做强调。

到了帝国晚期，人们对于身体、药物、食物、疾病、治疗的理解交织在一起，错综复杂，有时甚至相互矛盾。著名中医史学者文树德（Paul Unschuld）认为，在中国，“在过去两千年里，人们会遇到

---

1. Georges Métailié, *Science and Civilisation in China*, vol. 6: *Biology and Biological Technology,Part 4: Traditional Botany: An Ethnobotanical Approach*, trans. Janet Lloyd Cambridge: Cambridge University Press, 2015), 555.

2. 陈直：《寿亲养老新书》，转引自并利用了英译：Joseph Needham, Nathan Sivin, and Gwei-Djen Lu, *Science and Civilisation in China,* vol. 6: *Biology and Biological Technology, Part 2: Medicine* (Cambridge: Cambridge University Press, 2000), 79。

3.《食物本草》（1621年），卷16，第12b页。

4. 徐文弼：《新编寿世传真》（1771年），第160页。

各种不同的概念化治疗体系，部分重叠，部分对立，这些都是中国文化的代表。”[1]随着时间的推移，行医之人在理论层面上将被视为矛盾或不相容的体系整合为复杂的诊断和治疗的规则。文树德坚持认为中医有两种主要范式：（1）来自阴阳五行等内在联系与对应关系理论的诊断和治疗；（2）主要是依据观察结果进行诊断和治疗。[2]中医师，从帝国晚期至现在，普遍同时采用这两种范式。欣里希斯（T. J. Hinrichs）、琳达·巴恩斯（Linda Barnes）在所编《中医与治疗》一书的引言中说：“治疗……不仅仅是由清晰的理论，而且是由实践中种种不易处理的偶然情况所塑就；不仅由医生，还由医生、病人和护理人员间的复杂互动所塑就。”[3]尤金·安德森（Eugene Anderson）写了大量关于中国文化中的食物的著述，强调说，他研究发现近现代居民有着共同的经验和实践，这对于确定治疗方案来说是重要的因素：

> 总之，实践经验引导着中国的城乡居民认识到后来才被解释为

---

1. Paul Unschuld, *Medicine in China: A History of Ideas* (Berkeley: University of California Press, 1985), 4.

2. Unschuld, *Medicine in China*, 5.

3. Linda Barnes and T. J. Hinrichs, "Introduction," in *Chinese Medicine and Healing: An Illustrated History*, ed. T. J. Hinrichs and Linda Barnes (Cambridge, Mass.: Harvard University Press, 2013), 1.

热量、蛋白质、营养素以及抗生素“消除感染”作用的价值。的确，中医的研究，常过于关注高深理论而忽视实践，正使得事情变得糟糕。行动中的中医以实践和实证为先。尽管所使用的程序、理论的解释和阐释，对于其分类以及在逻辑上进行推演是有用的，但共有的经验总是首要考虑的问题。[1]

无论特定的行医之人将理论置于观察之上，还是将观察置于理论之上，没有什么人只认可仅从一种或另一种发展而来的治疗方法。

重要的是要避免认为医学理论和生活经验互不相干或彼此冲突。同样地，一个特定的行医之人是否被确定为主治医师，常常是不确定的，甚至根本就没有强调过（同样，是否要确立由某位医生作为主治人员，也变动不居，没有强调过）。中医史学者吴一立强调清代家庭有意识地寻求多种治疗方法和技术：

典型的模式，能在医疗病例材料以及故事和小说中找到，那就是全家会求助于所有他们请得起的医生，或先后或同时，对于他们的建议，进行比较、修改甚至是拒绝，这要看家庭感觉什么是合适

1. Eugene Anderson, “Folk Nutritional Therapy in Modern China,” in *Chinese Medicine and Healing: An Illustrated History*, ed. T. J. Hinrichs and Linda Barnes (Cambridge, Mass.: Harvard University Press, 2013), 260.

> 的。不像今天的生物医学医生，诊断以及治疗的技术是病人无法获得的，而清代医生依靠的是无须协助的人类观察力以及在市场上很容易买得到的药物……医生和外行间的实际差异只在于认知程度的高与低，而不是有还是没有。[1]

家庭采用不同的策略，医生个人也会变换他们的方法，将相关技术与实践经验混合使用。同样地，记载有辣椒药用的医书，显示的是行医之人既把辣椒置于更具理论性的阴阳五行等相关或对应的体系中，也根据经验观察来记载它的效果。引入辣椒之后，利用它进行的治疗方法就归为这两种范式。在这一章，我首先考察作者们是如何将辣椒纳入相关体系的，然后转向对源于观察的治疗方法的分析。后来的作者，发现了辣椒的一些有害的作用，这标志着辣椒更为全面地融入了中国文化。特别是在当代，辣椒也成了全面保持身体健康的重要日常膳食补充物。中医是中国文化不可分割的部分。吸纳进入医疗实践是辣椒适应异域生长环境必不可少的组成部分。

1. Yi-Li Wu, "The Qing Period," in *Chinese Medicine and Healing: An Illustrated History*, ed. T. J. Hinrichs and Linda Barnes (Cambridge,Mass.: Harvard University Press, 2013), 170.

“本草”与中医

“本草”是重要的医学和自然科学文献。“本草”不只是开列药材，还包括更多的医学知识，通常包括阴阳、五行体系等各种理论。它们提供了诊断病人的详细信息，很多篇幅是关于诊脉的，以及详细描述各种药用成分和分类体系。除了开列具体治疗的处方外，它们还提供具体药材以往使用的记录以及详细的动植物自然史。许多成分来自植物，还有不少来自动物和矿物。医书和药方肯定要早于“本草”这个词的使用，这个词最早出自《汉书》，是朝廷官员的官衔，时间是在公元前 5 年。传说中的首领神农通过尝百草以验证其成效，从而发明了药。在帝国晚期，《神农本草经》被认为是最古老的“本草”。此书的许多版本和许多原文在明代流传，学者们试图一点点拼凑恢复其原貌。近来的研究将此书定为公元前二世纪到公元前一世纪的作品，是在所谓的神农时代千百年之后了。一些作者在他们的作品名字中使用了“本草”，经常是借重以前的“本草”。[1]

在二十世纪和二十一世纪，最著名的“本草”是李时珍（1518—

---

1. 更多关于“本草”的内容，见吴贻谷、宋立人总编：《中华本草》，第 1 册，上海科学技术出版社，1998，第 5—43 页；Carla Nappi, *The Monkey and the Inkpot: Natural History and Its Transformations in Early Modern China* (Cambridge, Mass.: Harvard University Press, 2009), 27–32; and Joseph Needham, *Science and Civilisation in China*, vol. 6: *Biology and Biological Technology, Part 1: Botany* (Cambridge: Cambridge University Press, 1986), 220–48。

1593 年）的《本草纲目》，刊行于 1596 年。李时珍这部书的名字有两种常见英译：*Systematic Materia Medica* 和 *Compendium Pharmacopeia*。这两种译法都借用了更为古老的西方对于药材汇编的命名传统。在书中提及此书时，大多数情况下我将坚持使用原来的中文“本草”（Bencao），[*] 因为这一体裁所包含的远不只是开列药材。李时珍的著作在帝国晚期当然很流行，很有影响力，但二十世纪之前，它并没有获得今天般的地位。李时珍是今天的湖北人。像他同时代的很多人一样，读书多年，参加科举考试，但他未曾中过举人。他转而效法祖父和父亲，从事医学事业。

1547 年，李时珍 30 岁左右，对接触到的各医书内部以及医书之间的记载歧异、混乱和错误感到困惑。例如，他觉得许多药材归错了类别。有的药材有多个名字，而不同的植物却又有同一个名字，这令他沮丧。他开始独立开展一个庞大项目，通过个人调查和实验，核校以往的文献。在接下来的 30 年里，他广泛阅读，收集了大约 800 本书。从 1556 年开始，他游历四方，向其他医生、卖药人、当地用自然之力治疗病人者、草药种植者、猎人、伐木人员、渔民等寻求建议。他游遍家乡湖北，还有安徽、北京、河北、河南、湖南、江苏、江西等地。除了利用所有当地的丰富知识资源外，他还在病人和自己身上试验。[1]

---

* 原文《本草纲目》使用的汉语拼音。——译者

1. 见李时珍：《本草纲目・序》（1596 年），收入《景印文渊阁四库全书》第 772 册，台北商务印书馆，1983。

当代许多学者把李时珍看作极其重要的早期自然科学家。李约瑟（Joseph Needham）称他为“药物学家之王”“可能是中国历史上最伟大的博物学家”。[1] 当代《中华本草》的编纂者认为李时珍的工作“过去500年，在医学研究领域占据着主导地位”。[2] 研究中国科学与健康的历史学者卡拉·纳皮（Carla Nappi）认为：“李时珍设计他的作品，将医学文献与自然历史融为一体，成为他自己博学的丰碑，也是对自然界令人惊叹的多样性的纪念碑。”[3]

李时珍的著作对我这本书只能说是具有间接的重要性，因为《本草纲目》并不含有辣椒。然而，一些帝国晚期的作者提到李时珍著作中的某些植物，认为实际上就是辣椒。李时珍的著作条目详尽，对植物的描述精确，几乎可以肯定地说，后世作者所提供的李时珍著作中的材料，没有一个指的是辣椒。不过，李时珍的著作对于我的研究仍然是有用的参考，例如我在上一章中对于胡椒的分析。[4]

第一种含有辣椒的“本草”是1621年刊行的佚名著者的《食物本草》。这也是医书中第一部包括了辣椒，同时也是第一部明确把辣

---

1. Needham, *Science and Civilisation in China*, 6.1:308.

2. 吴贻谷、宋立人总编：《中华本草》，第1册，第33页。

3. Nappi, *The Monkey and the Inkpot*, 21.

4. 更多关于李时珍的内容，见 Nappi, *The Monkey and the Inkpot*, 尤其是第一章；Needham, *Science and Civilisation in China*, 6.1:308–21; 吴贻谷、宋立人总编：《中华本草》，第1册，第36页。

椒归为饮食的著作。如上一章所述，“食物”翻译为“edible items”或是“edible things”。我翻译整个书名为 *Pharmacopoeia of Edible Items*。1621 年刊行的有关辣椒的文字，原封不动地见于 1638 年和 1642 年的《食物本草》。[1] 然而，1691 年版的《食物本草》却没有收录辣椒，这表明辣椒要获得精英著述的广泛接受仍然有很长的路要走。[2]

下一部对于辣椒研究来说重要的“本草”是赵学敏（1719—1805 年）对李时珍著作的补充、评论和批评。赵学敏所做的贡献，是写成了《本草纲目拾遗》一书。赵学敏特别指出，他试图填补李时珍著作的缺漏。赵学敏使用了很多和李时珍一样的方法：走访当地从医之人，依靠各地印数很少或可能只有手抄本的出版物。在赵学敏去世后不到 100 年，他引用的作品一半以上就散佚了。[3] 他所写的辣椒条目，引用了 11 种文献，现在只能见到 4 种。赵学敏用自己使用辣椒的经历补充了他在其他医书中发现的不足。

两种著作间有一个重大的不同，也是赵学敏批评李时珍的地方，是他们对“人体”的态度。尽管李时珍不像有的人那么极端，但他的《本草纲

1. 陈继儒：《食物本草》（1638 年），《故宫珍本丛刊》第 366 册，海南出版社，2000，第 433 页；姚可成（据传）：《食物本草》（1642 年），北京：人民卫生出版社，1994 年，第 965 页。

2. 沈李龙：《食物本草会纂》（1691 年）。

3. Needham, *Science and Civilisation in China*, 6.1:326.

目》确有“人部”的药材。这一部分包括发髲、乱发、头垢、耳塞、膝垢、爪甲、牙齿、人屎、小儿胎屎、溺白垽、乳汁、妇人月水、人血、眼泪、髭须、阴毛、人骨、人胞、初生脐带、人势、人胆、人肉等。[1] 赵学敏在伦理上坚决地反对“人体”入药。作为对李时珍这一点的批评，他的著作中不包括“人部”，甚至拒绝像头发、耳垢这类无害的东西。[2] 赵学敏的著作对于辣椒的介绍是帝国晚期著作中篇幅最长的。1803 年前后赵学敏完成了他的著作，这时他也到了生命尽头，而这本书的刊行已是在 1871 年，间隔很长。赵学敏的著作出版后，就被纳入李时珍的著作。后来李时珍著作的版本就包括了赵学敏的扩展内容，因而也包含了对于辣椒药效的详细评估。[3]

将辣椒整合进医学体系

帝国时期绝大多数文献都将辣椒归为蔬菜，但还是有一些将它列为药物。例如，广东和贵州最早记载辣椒的地方志都将它视作一种

1. 李时珍：《本草纲目》（1596 年），卷 52，收入《景印文渊阁四库全书》第 774 册，台北商务印书馆，1983。

2. 更多关于这一争论的内容，见 Nappi, *The Monkey and the Inkpot*,130–35。

3. 更多关于赵学敏的内容，见 Needham, *Science and Civilisation in China*, 6.1:325–28；吴贻谷、宋立人总编：《中华本草》，第 1 册，第 41—42 页。

药。[1]此外，我在本研究中查阅的所有开列了辣椒的福建泉州方志——从 1757 年到 1929 年，也都把它归入“药”。可以说，在有些地域，人们更看重的是为了健康而食用辣椒，而不是它作为调味品的价值。

如上一章所述，五行体系将自然现象、味道、感官、各种气（气候）、脏腑（属阴的器官）与消化道的各部分（属阳的器官）联系起来。五味在这一对应或相关体系中，继续将中药与食物联系起来，直到现在也是如此。在最早记载辣椒的医书中，作者将辣椒归为“辛”（表 3.1 开列了五行中的一些对应关系）。[2]辣椒，作为一种辛味调味品，属于“金”。尽管后来的一些作者继续把辣椒归为“辛”，但很多人选择给它贴上“辣”的标签，这进一步证明了辣椒对于“辣”这个词的用法和意义有着影响。在这五味中，“辣”归入更广泛的“辛”的范畴。只有非常辣的辣椒，也就是那些含有大量辣椒素（辣椒中所含的使它变辣的化学成分）的辣椒，在中医治疗中得到使用。帝国晚期的柿子椒，人们认为是甜的，不是“辛”。同样地，现代生物医学疗法使用辣椒，也是依赖从极辣的辣椒中提取的高含量辣椒素。[3]在中国古代，辛的种类包括葱属植物（含

1.《阳春县志》（广东，1687 年），卷 4，第 19a 页。

2.《食物本草》（1621 年），卷 16，第 12b 页。

3. Jean Andrews, *Peppers: The Domesticated Capsicums* (Austin: University of Texas Press, 1995), 74.

蒜)、姜、肉桂、花椒。[1] 如上一章所述，在中国，辣椒的早期食用，常用来替代以上这些以及其他的辛味调味品。同样地，一些医书也将辣椒描述为其他辛味药物的替代品。

表 3.1　五行对应或相关(突出显示的是关乎辣椒的)

五行	木	火	土	金	水
五方	东	南	中央	西	北
五色	青	赤	黄	白	黑
五味	酸	苦	甜	辛	咸
五气	风	暑	湿	燥	寒
内五脏(阴)	肝	心	脾	肺	肾
五腑(阳)	胆	小肠	胃	大肠	膀胱
五官	目	舌	口	鼻	耳
五体	筋	脉	肌肉	皮毛	骨

资料来源：南京中医学院医经教研组编著：《黄帝内经素问译释》，上海科学技术出版社，1981，第36—37、39 页；Ted Kaptchuk, *The Web That Has No Weaver: Understanding Chinese Medicine* (New York: Congdon and Weed, 1983), 345.

依据五行，辣椒具体用于治疗相关疾病的情况，可以在许多医书中找得到，其中之一是由医学研究者汪绂所写。汪绂早慧，刚会说话，他

1. H. T. Huang, *Science and Civilisation in China*, vol. 6: *Biology and Biological Technology, Part 5: Fermentation and Food Science* (Cambridge: Cambridge University Press, 2000), 95.

的母亲就教他读经典，八岁时就能成诵。他写有医学和经学研究的著述。[1] 在 1758 年所写医书的序言中，他套用了《论语》中的话，告诫读者：“不患人不知医，患在多知医，而究不知医。”[2] 他更为透彻地了解如何将辣椒入药，观察到辣椒“味辛泻肺”。[3] 这里我们看到的是直接利用“辛”和“肺”间的相关或对应关系。另外，与“金”和肺常常相关的一种症状是咳嗽[4]，咳嗽的生理作用是祛痰。此外，辣椒中的辣椒素会令鼻腔黏液变薄，这样就可以清除窦道。[5] 五行之中，辛也与干燥的“气”相关联，因此，辣椒用来祛除肺部疾病。有几种资料记载了辣椒能“祛痰”“除湿”“祛水湿”“治痰湿”。[6] 赵学敏证实自己成功地一并将辣椒的刺激性及干燥能力运用于膈肌的治疗。膈肌是呼吸系统中重要的肌肉：“良由胸膈积水，变为冷痰，得辛以散之，故如汤沃雪耳。”[7] 赵学敏显然极为成功地充分利用了辣椒的这些相应特性，并把他的热忱传递给读者。

---

1. 支伟成：《清代朴学大师列传》（1924 年），第 196 页。

2. 汪绂：《医林纂要探源》（1758 年），序，第 1a 页。

3. 汪绂：《医林纂要探源》，卷 2，第 79a 页。

4. 南京中医学院医经教研组编著：《黄帝内经素问译释》，上海：上海科学技术出版社，第 39 页。

5. Andrews, *Peppers*, 75.

6. 引自赵学敏《本草纲目拾遗》（1803 年），卷 8，第 72b 页、73b 页，收入《续修四库全书》第 995 册，上海古籍出版社，2002；《建昌府志》（江西，1759 年），卷 9，第 3a 页。

7. 赵学敏《本草纲目拾遗》，卷 8，第 73b 页。

在某些情况下，辣椒的刺激性被视为胜过其他药用的辛辣植物。吴其濬在 1848 年的植物学论著中，描述了人们可能需要利用辛辣调味料以纠偏饮食缺陷："虽所积不同而其留着胸中格格不能下则一也。姜桂之性尚可治其小患，至脾胃抑塞攻之不可，则必以烈山焚泽去其顽梗而求通焉，番椒之谓矣。"[1] 虽然在这一引述中辣椒被视为更有效力，但这并不意味着它总是最好的选择——因病施治和病人千差万别也是关键。

中医的又一个重要组成部分是阴阳体系或学说，是建立在古代的成对互补体系的基础上的，其中的阴阳两个要素彼此结合或制衡以创造一个连贯的整体。在这个体系中，身体的各个部分、药物、食物、疾病，事实上绝大多数物质，都是由或阴或阳的属性支配。如果人的身体或身体的某个部位阴气过重，常与受凉有关，那就要开出以阳为主也就是具有温性的药物或食物。因此，在阴阳体系中，药物和食物所固有的温性或是凉性，是饮食与健康之间明显重叠的又一例证。中医的阴阳与温度没有什么关系。例如，一种属"阴"的病可能包括精疲力竭或虚弱，而属"阳"的病可以有过分或过度的症状。此外，身体的某些部分，包括一些器官，被认为属阴，而其他的则被认为属阳。阴阳之间有辩证关系，离

1. 吴其濬：《植物名实图考》（1848 年）卷 6，第 19b—20a 页。

开了对方，自己也不复存在。它们相辅相成，甚至相克相生。[1]就温度而言，这也是阴阳体系中用以描述辣椒特性的最常见的方面，这一体系最简单的形式是使用了两种类别：凉、温。在二分的体系中，辣椒归类为“温”。[2]若进一步细化这个体系，阴阳可以依次划分四组。[3]这也许是具体使用温度的最好证明：阴－阴（寒）、阴－阳（凉）、阳－阴（温）、阳－阳（热）。在这个四重系统中，辣椒被确定为“热”。[4]另一个不同的六类分法，有着三种不同阴阳类型，也很流行。[5]辣椒在这个体系中被描述为“大热”。[6]不管作者给辣椒贴上的是“温”“热”还是“大热”的标签，用到的辣椒温性的方法都非常相似。这种发热性质在烹饪中也同样强调。

如上所述，1621 年这一最早收录了辣椒的医书，把它归为具有温性。[7]尽管此书没有提供任何关于如何利用辣椒这一特性的细节，但由于这种分类比较早，因而对于辣椒的传播和被接受都很重要。后来所有

---

1. 更多关于阴阳的内容，见 Unschuld, *Medicine in China*, 55–58; and Ted Kaptchuk, *The Web That Has No Weaver: Understanding Chinese Medicine* (New York: Congdon and Weed, 1983), 7–15, 40–41。
2. 例子可见 1621 年版的《食物本草》，卷 16，第 12b 页。
3. Unschuld, *Medicine in China*, 56–57; Kaptchuk, *The Web That Has No Weaver*, 9.
4. 徐文弼：《新编寿世传真》，第 160 页。
5. Unschuld, *Medicine in China*, 57.
6. 所给出的例子引自赵学敏著作，原书已佚，《本草纲目拾遗》，卷 8，第 72b 页。
7.《食物本草》（1621 年），卷 16，第 12b 页。

记载辣椒的医书都把它归为或温或热或大热；另外，其他体裁的许多文献，例如农书和地方志，也将辣椒放在这一类目之下。早期的这种分类，使得后来的从医之人记录下辣椒的温性更为具体的用法。1758 年汪绂的医书，除了提供上面所列举的辣椒辛辣的进一步细节，也阐释了它的温性："除寒热……大辛，温，而能疗阳风痔瘘者……导火以下行。"[1] 尽管辣椒使身体发热的功效对吃过辣的人来说显而易见，但汪绂还是表明了辛辣和温性在治疗特定疾病时是如何发挥作用的。

汪绂继续讨论辣椒，提出了关于热的两点看法，扩展了从医之人或家庭在他们的医疗实践中使用辣椒以应对人体"失衡变凉"的能力。首先，"虽热而能去热，若吴茱萸亦然。"[2] 汪绂明确指出，辣椒的温性不仅可以驱寒，而且可以利用热来去热（如同用火灭火一样）。辣椒能让人流汗，这很容易观察到。随后的汗液蒸发就是一个冷却过程。此外，汪绂指出，辣椒的这一特性，与中医常用的另一种果实吴茱萸是一样的。相比于辣椒，汪绂的读者可能更熟悉吴茱萸的药用，显示这种性质上的相同之处，使这一引进的植物更容易理解。就如同经常用作其他调味品的替代物一样，

---

1. 汪绂：《医林纂要探源》，卷 2，第 79a 页。

2. 汪绂：《医林纂要探源》，卷 2，第 79a。认为吴茱萸是 *Evodia rutaecarpa*（*Tetradium ruticarpum* 的同义词），见沈连生主编：《本草纲目彩色图谱》，第 263 页；Shiu-ying Hu, *An Enumeration of Chinese Materia Medica* (Hong Kong: Chinese University of Hong Kong, 1980), 161。

辣椒也可以用来代替久负盛名的药物，从而使这一新来者获得权威。

辣椒的温性也可以用来使身体发热。赵学敏引用了一本现在已经散佚的医书论及辣椒："温中……散寒……食之走风动火……"赵学敏自己补充说："盖其性热而散，能入心、脾二经。"[1]有句现当代民间谚语强调了辣椒的温性："三个辣椒，顶件棉袄。"[2]此外，辣椒的温性可外用于由寒冷引发的皮肤病，包括清洗因寒冷造成的冻疮、瘙痒等（见方框）。[3]

治疗冻瘃

剥辣茄皮贴上，即愈。

中医的另一个重要方面是气在体内的运动和平衡。"气"难以翻译，因为它在汉语中有多种含义；它被英译为 energy（能量）、vitality（活力）、life-force（生命力），或是 pneuma（元气）。泰德·卡普丘克（Ted Kaptchuk）指出："我们也许可以把气看作将要变成能量的物质，或是正要物质化的能量。"[4]许多疾病被认为是破坏了全身正常的气，通常是不足或堵塞所造成的。因此了解哪些药物对于复原气的特定方面有效，

1. 赵学敏：《本草纲目拾遗》，卷 8，第 73b 页。
2. 引自红森主编《辣味美食与健身》，第 9 页。
3. 赵学敏：《本草纲目拾遗》，卷 8，第 71b 页；方框中治疗冻疮的药方见第 73a 页。
4. Kaptchuk, *The Web That Has No Weaver*, 35.

就成了医生治疗的重要组成部分。十四世纪医学作者邹铉认为，医生必须首先认清疾病的原因，了解身体的“气”何以失衡。[1]调节体内的气，许多方面与阴阳或五行体系相关联。在阴阳体系中，所有形式的气都属阳，气的消散是一种转阴的条件，而气的郁结是转阳的条件。[2]在五行之中，五种不同类型的气，有时翻译为 types of climate，对应五行中的每一种，因此也依次与五味的每一种有着关联。辛辣的味道以及辣椒，就与干燥之气相关，例如，辣椒能祛痰。此外，到了 1621 年，辣椒被用来“解结气”[3]。后来医书认定辣椒“地气使然也”以及“开胃气”[4]。胃与大肠相连，而大肠这一属阳的器官正好与“辛”相对应。

被观察到的辣椒疗效

除了将辣椒与这些极重要的、长期存在的对应体系联系起来之外，作者们还概述了一些治疗方法，可能主要是从辣椒对个人影响的经验观

---

1. 邹铉：《寿亲养老新书》（约 1300 年），引自 Needham, Sivin, and Lu, *Science and Civilisation in China*, 6.6:79。

2. Kaptchuk, *The Web That Has No Weaver*, 41.

3.《食物本草》（1621 年），卷 16，第 12b 页。

4.《大定府志》（贵州，1850 年），卷 58，第 10a 页；《重修五河县志》（安徽，1893 年），卷 10，第 9a 页。

察所得出的。在辣椒引进后的大约五十年内，经过足够的观察和实验，辣椒被认为在阴阳、五行以及“气”的体系之外，还有医学用途。

1621年版的《食物本草》开列有这些观察到的辣椒的一些特性。这些特性使得辣椒成为一种重要的新的处方成分。《食物本草》中所描述的从经验观察或实践中得出的所有非阴阳五行等对应的特性或特点，在当代辣椒研究中也得到了确认。我们将现代生物医学分析投射到另一个不同的文化环境中时必须小心，不过，对于辣椒在中医里的一些使用来说，与近来的生物医学分析进行比较还是很有启发意义的。《食物本草》的作者宣称，辣椒“主消宿食……开胃口”[1]。辣椒中的辣椒素使得口腔和胃的黏膜增加分泌唾液以及胃液。咀嚼和分泌唾液是消化的第一步。唾液分泌增多，胃液增多，刺激食欲和消化。另外，维生素A——这是辣椒中所富含的——对于上皮组织的健康非常重要，这包括了胃肠道和肺部的黏膜。[2]这又回到了刺激性药物与肺、鼻和大肠间的五行相关性。当人们吃的是寡淡无色的高淀粉食物时，能激发食欲就显得尤为重要。[3]对于帝国晚期的绝大多数中国人，肯定是这种情况，因为此时大米、

1.《食物本草》(1621年)，卷16，第12b页。

2. “Vitamin A” in *Health Encyclopedia* (University of Rochester Medical Center), https://www.urmc.rochester.edu/encyclopedia/content .aspx?contenttypeid=19&contentid=VitaminA, 2019年9月9日访问。

3. Andrews, *Peppers*, 75.

小米、高粱、小麦等高淀粉食物在社会下层很常见。情况确实如此，据估计，在传统中国的农村，人们大约 90% 的能量获取来源于谷类和豆类食物。[1] 此外，辣椒"为寡淡的饮食增添了色彩和味道，从而纾解了它们的单一乏味"，而且，唾液分泌增加"有助于咀嚼以淀粉为主的粉质食物"[2]。1621 年以后，各种医书都强调了辣椒在激发食欲和帮助消化上的重要性。[3]

所有这些关于辣椒对吃高淀粉食物的人会有帮助的信息，只对有病的人来说有意义，但如果社会下层的人食不果腹，那激发食欲就没有必要，甚至没有什么好处了。原始资料和近现代资料的作者有的可能怀有一种阶级偏见，反映的是他们自己更为多样化的日常饮食。另一方面，先于辣椒引进的其他美洲作物，包括玉米、马铃薯和甘薯，确实给中国人的饮食带来了更多的高淀粉食物，这些食物可能需要更多的调味料才能让它们更可口、更容易消化。然而，湿热——在中国内地大部分地区夏天时很常见——会抑制食欲，所以高温和高湿时，吃辣椒确实有益于激发食欲。[4]

---

1. Frederick Simoons, *Food in China: A Cultural and Historical Inquiry* (Boca Raton, Fla.: CRC Press, 1991), 63. 豆子是豆科作物的种子，豆科作物（如扁豆和鹰嘴豆），含油量低。

2. Andrews, *Peppers*, 75.

3. 例子可见汪绂：《医林纂要探源》，卷 2，第 79 a 页；赵学敏：《本草纲目拾遗》，卷 8，第 72b 页；《茌平县志》（山东，1935 年），卷 9，第 16a 页。

4. 见 C. Peter Herman, "Effects of Heat on Appetite," in *Nutritional Needs in Hot Environments: Applications for Military Personnel in Field Operations*, ed. Bernadette Marriott (Washington, D.C.: National Academy Press, 1993)。

在对辣椒中发现的辣的成分——辣椒素——所做的现代生物学分析中，学者认为这种植物拥有两个主要的进化优势。辣椒果实的样子能够吸引消费者，有利于种子的传播。但是，如果消费者破坏了种子，那植物就不能繁殖了。高含量辣椒素可以防止被哺乳动物取食，尤其是防止啮齿动物吃掉辣椒果。所有的哺乳动物都对辣椒素的辣有反应。有人做过试验，让啮齿动物吃辣的辣椒、不辣的辣椒，以及不辣的朴树果，结果，它们很快就吃掉了朴树果，对辣的辣椒碰都不碰，当然也会吃一些不辣的辣椒。只给啮齿动物喂不辣的辣椒，所有被吃过的种子都没有了活性。然而，鸟不受辣椒素的影响。在同一研究中，弯嘴嘲鸫（一种美洲鸣禽）很快就吃光了所有辣的辣椒，而且许多种子还都有活性。[1] 鸟是种子的极好散布者。事实上，亨利·里德利在他 1930 年对植物传播的研究中，观察到了鸟传播辣椒种子。[2] 琼·安德鲁斯也指出了哺乳动物和鸟类间的这一不同，抱怨野生的火鸡大口吞下她的蜡油辣椒（chiltepine chiles）。[3] 辣椒素的第二个进化功能是抗真菌。辣椒生长的大部分区域是温润的。真菌在果实和种子上生长，这可能会使种子失去活性，这是

1. Joshua Tewksbury and Gary Nabhan, "Directed Deterrence by Capsaicin in Chillies," *Nature*, no. 412 (2001): 403.

2. Henry N. Ridley, *The Dispersal of Plants Throughout the World* (Ashford, UK: L. Reeve, 1930), 396.

3. Andrews, *Peppers*, 75.

一种持续性的威胁。而辣椒素已被证明是一种极好的抗真菌剂，尤其是对辣椒上的一种常见真菌——镰刀菌（*Fusarium*）。[1]在文化实践中，辣椒素的抗真菌特性肯定在中国食品保存中发挥着作用，包括腌制、调味汁和酱等。

辣椒也有抗菌或抗微生物的特性。福建最早的辣椒记载来自1757年的《泉州府志》，其中就包括了它能治疗某些形式的海鲜中毒："能解水族毒，食鱼蟹过多者或泄泻或胀满，用子煎汤服。"[2]辣椒的强大抗微生物特性在当代研究中也被观察到了。例如，在一项研究中被辣椒杀死的细菌就有一种经常出现在牡蛎中。[3]辣椒的这种抗微生物特性在福建省沿海的泉州府（见地图1.1和1.2）采用得最为普遍。对辣椒抗微生物特性的强调，一直见诸后来的泉州方志（从1763年至1929年），都断言辣椒"能治鱼毒"。[4]尽管许多泉州方志描述辣椒是辣的，并且都将"番姜"作为"又名"，但没有一部包含辣椒食用的具体介绍。虽然难以区分食用和药用，但泉州的文献确实暗示着更强调它的药用。这也是中

1. Joshua Tewksbury et al., "Evolutionary Ecology of Pungency in Wild Chiles," *Proceedings of the National Academy of Sciences* 105, no. 33 (2008): 11808–11.

2.《安溪县志》（福建泉州府，1757年），卷4，第10a页。

3. 引自 Andrews, *Peppers*, 74。

4.《泉州府志》（1763年），卷19，第11b页；《晋江县志》（1765年），卷1，第53b–54a页；《同安县志》（1768年），卷14，第21b页；《同安县志》（1798年），卷14，第21b页；《晋江县志》（1829年），卷73，第8a页；《马巷厅志》（1893年），卷12，第7a–b页；《同安县志》（1929年），卷11，第13b页。

国唯一一直把辣椒归为药物的地域。这里辣椒作为食物中毒的解药，融入了一个饮食富含海鲜的地域。

用辣椒治疗腹泻更为普遍，而不仅仅是解海鲜之毒，这在数种医书中找得到。徐文弼观察到，辣椒“宜入大肠解毒”。[1] 赵学敏在他汇编的医书中，引用了四种包括将治疗腹泻作为辣椒的一种用途的不同文献，其中一种还特别提到了大肠。[2]（处方，见方框）[3] 强调辣椒能治疗腹泻或解毒，可它们之间并不存在对应关系，而对大肠的强调实际上是利用了五行中辛与大肠有着对应关系。因此我们在这里看到了支持文树德观点的一个很好的例证：“这两种范式应该视为以各种方式相互补充，而不是彼此排斥。”[4]

治疗痢积水泻

辣茄一个为丸，清晨热豆腐皮里吞下，即愈。

中医学史学者韩嵩（Marta Hanson）证明了帝国晚期地域性治疗方法很常见，她认为：

1. 徐文弼：《新编寿世传真》，第 160 页。
2. 赵学敏：《本草纲目拾遗》，卷 8，第 72b 页。
3. 方框中所描述中的治疗方法引自赵学敏：《本草纲目拾遗》，卷 8，第 73a 页。
4. Unschuld, *Medicine in China*, 7.

十世纪末以降，有文化的医生越来越多地从地域环境、社会地位和身体特征的差异解释了人的不同。无论气候主要是冷是热，干燥还是潮湿，炎热还是多风，临床诊治上都很重要，因为人体内部是一个小气候。外部区域是高（多山）还是低（近海平面），位于西北还是东南，长江以北还是以南，决定了这一地域的主要气候因素……从十四世纪末开始，医生的地理认知，可以解释医学理论、诊断实践以及治疗偏好的差异，这从北方和南方医疗实践的类型就看得出来。[1]

辣椒的地域化用途反映了医学理论和实践的这一面。泉州地区的居民，因为饮食常常含有致病菌，从而用得上辣椒的抗菌特性。其他地域流行的疟疾和湿气也用得上辣椒的这一特性。

利用辣椒治疗疟疾是地域接纳并利用辣椒的又一例子，这也有赖于人们已注意到了辣椒具有抗菌或抗微生物特性。1766 年的一部广东地方志详述了辣椒在治疗疟疾以及缓解炎症上的用途："皆辟水瘴，祛风湿……而西粤瘴气更甚，尤不可一日无也。"[2] 许多年后，现代生物医学从业人员"发现"用于预防或治疗疟疾的药物，如羟氯喹，在减轻风湿性

---

1. Marta Hanson, *Speaking of Epidemics in Chinese Medicine: Disease and the Geographic Imagination in Late Imperial China* (New York: Routledge, 2011), 25–26.

2.《恩平县志》（广东，1766 年），卷 9，第 10b—11a 页。

关节炎引起的肿胀和疼痛上也有效。[1]广东、广西等疟疾多发地区，使用辣椒，不仅是在病后用作治疗手段，如我们所见的治疗“鱼毒”，也作为疟疾的日常预防剂。

使用辣椒作为疟疾的治疗手段，也进一步向北推广。赵学敏将辣椒作为治疗杭州附近感染疟疾的一种方法：“有小仆于暑月食冷水，卧阴地，至秋疟发，百药罔效，延至初冬，偶食辣酱，颇**适口**，每食**需**此，又用以煎粥食，未几，疟自愈。”[2]这里我们清楚地看到这种疗法是通过显而易见的效果得以开发的，而不是通过对应关系。仆人生病时对辣椒酱的渴求，反映了中医认识到的一种现象，即身体可以知道需要什么以恢复平衡。迫切想得到具有所需属性的药材，这会引导患者食用它。辣椒酱作为一种预防剂的功效在第五章所分析的“辣椒酱”诗中也表达过。这首诗的作者吴省钦，向辣椒酱的消费者保证说：“辟瘴尔何忧。”[3]这和赵学敏的仆人在染上疟疾后就被吸引食用辣椒的形式是一样的。吴省钦将此加入他诗中，暗示了用辣椒治疗疟疾广为人知，人们也是这么做的。在这些治疗和预防疟疾的方法中，当地条件又一次引发了辣椒的具

1. 例子见 Mayo Clinic, “Drugs and Supplements: Hydroxychloroquine,” http://www.mayoclinic.org/drugs-supplements/hydroxychloroquine-oral-route/description/drg-20064216, 2017 年 2 月 10 日访问。

2. 赵学敏：《本草纲目拾遗》，卷 8，第 73b 页。黑体字系笔者所强调。

3. 吴省钦《辣茄酱》，见《白华前稿》（1783 年），卷 38，第 9b 页。

体用途。

辣椒在几种医书中所开列的又一用途是治疗痔疮。我们已经看到，汪绂认为辣椒的辛和温可以用于治疗痔疮。事实上，使用辣椒作为痔疮的治疗方法看起来相当成功，正如我们在本章开头所引用的徐文弼的话。徐文弼的说法得到了一系列广西地方志的编纂人员的证实，他们同样宣称，辣椒“治痔大有神效”[1]（见下页药方方框）。辣椒在治疗疟疾等常见病上的“神”效，很可能在十九世纪之后加速了人们对辣椒的接受。

辣椒中的辣椒素也有镇痛作用。[2] 现在出现在一些非处方的乳膏和软膏中，可局部缓解关节炎和其他关节疾病以及带状疱疹的疼痛。[3] 在帝国晚期，辣椒的这一特性被运用于缓解各种疼痛。赵学敏引用了一种已散佚的医书，作者声称辣椒可以减轻牙痛。[4] 同样地，辣椒也被用来缓解毒蛇咬伤的疼痛（见下页药方方框）。[5] 在这个例子中，我们看到，中医认识到了的一种现象：当身体需要一种特别的物质时，强烈的“味”可能会被抑制。因此对于毒蛇咬伤的治疗来说，味道强烈的辣椒吃起来反

---

1. 徐文弼：《新编寿世传真》，第 160 页；《柳州府志》（1764 年），卷 12，第 6a 页；《柳州县志》（1764年）卷 2，第 27页；《马平县志》（1764年），卷 2，第 31a 页。《柳州府志》卷 12，第 6a 页是方框中治疗痔疮的出处。

2. Andrews, *Peppers,* 76.

3. 例如 Capsagel, Capsin, Capzasin, Pain Enz, and Zostrix。

4. 引自赵学敏：《本草纲目拾遗》，卷 8，第 74a 页。

5. 引自赵学敏：《本草纲目拾遗》，卷 8，第 72b—73a 页。

而“甘而不辣”。这和患疟疾的仆人想吃辣椒，并发现它们“颇适口”是一样的。

治痔大有神效

取以作酱每日生服三钱。

治疗毒蛇咬伤

用辣茄生嚼十一二枚，即消肿定痛，伤处起小泡出黄水而愈，食此味反甘而不辣。或嚼烂敷伤口，亦消肿定痛。

辣椒消费的不利影响

在中药中，药材的有益成分对于治疗特定疾病有用，但这些成分可能对其他疾病会有害。因此，尽管说热对于祛除多余的寒有用，但热太多的话也会产生负面影响。例如，一种属“阳”的病可能会因为辣椒中的热而加重。作者警告人们辣椒可能对健康有负面影响的最早具体例子出现在 1771 年。[1] 这样的警告可以视为辣椒食用和药用越来越多的一个标志。

1. 徐文弼：《新编寿世传真》，第 160 页。

有些警告相当笼统，比如辣椒要吃食有度的警告来自 1876 年的湖南地方志："多食有损。"[1]有的例子更具体地说明了有害后果。一部早期的湖南地方志，先是指出辣椒"性散气动火"，接下来明确警告了多用的后果："人以其爽口，多偏嗜，往往受损。永州作齑菜必与此同淹，寻常作饮馔，无不用者，故其人多目疾血疾。"[2]在五行中，辣椒，属辛，属金。金克木，而眼睛正对应木。赵学敏在他的资料汇编中引用了同样的警告：辣椒"病目发疮痔，凡血虚有火者忌服""多食眩旋，动火故也"。[3]虽然其中的许多效果被归于辣椒，可能都是根据经验观察得出的，利用的是前面讨论过的阴阳五行等体系，但负面的影响，可能是由于"阳"过盛所造成。赵学敏的许多评论和他关于辣椒的其他记录，都强调了广泛的正面效果，然而这些可能的不良效果的例子表明，随着时间的推移，从医之人关于辣椒之于健康的影响，发展出更彻底和细致入微的评估，这些可能主要来自经验观察。

在某些情况下，这些警告似乎与其他史料完全相左。然而，中医师总是因时因地给每个人提供个性化的治疗。徐文弼在 1771 年的书中警

1.《零陵县志》（湖南，1876 年），卷 1，第 67a 页。

2.《永州府志》（湖南，1828 年），卷 7 上，第 8b 页。

3. 两处是陈炅尧的《食物宜忌》和龙柏的《药性考》，引自赵学敏：《本草纲目拾遗》，卷 8，第 72b、73b—74a 页。

告读者："忌生食多食，致齿痛唇肿。"[1] 正如我们在关于辣椒作为蔬菜的部分所看到的，许多人生吃辣椒似乎没有任何负面影响，但显然徐文弼至少见过一些事例，在某些特别的情况下，应该避免生吃辣椒。在他的警告中关于牙痛和嘴唇肿胀，强调食用辣椒过多，这不必然与上面提到的辣椒缓解牙痛的建议彼此矛盾。尽管徐文弼和广西一系列地方志的编纂者都宣称辣椒"治痔大有神效"，但也有两位作者在今已散佚的著述中警告说，吃辣椒会引发甚至加重痔疮。[2] 需要再次强调的是，不要认为这些作者相互矛盾，我们更要看到从医之人运用他们的知识的方式有着不同，或者说可能是通过观察不同类型的病人和不同的疾病状况得出的结论。若是接受并声称某个正确而其他的乃错误，是没有用的。相反，我们可以看到，各种各样的作者发现辣椒太过常见，足以评论它的一般性质。此外，所有包括消费辣椒的负面后果的医书和地方志也列出了积极的效果，或至少是将负面结果归因于过度食用。因此我们将这些警告理解为对治疗同一种疾病的积极用途的一种平衡，尤其在一些例子中，是呼吁适量使用。

含有食用辣椒不良后果的文献的最后一个例子，也可以看作是相同症状如何被视为不同情况的例子。如何看待消极的或积极的影响，各有

1. 徐文弼：《新编寿世传真》，第 160 页。

2. 引自赵学敏：《本草纲目拾遗》，卷 8，第 72b、74a 页。

不同："不常食者入口唇且焮肿，入腹肠胃燥裂以致便血，而嗜者乃谓能清大肠之火也。"[1]在五行中，火与血液流动是有关联的。这是二十世纪以前不多见的对于人可以培养对辣椒的耐受能力的文献。所以这个副作用可以通过适应来克服。然而，胃溃疡则要严重得多。最后一句，尽管作者把它当作借口而不是另一种解释，但确实对于便血的原因有着不同的看法。尽管这些作者提示要当心食用辣椒的副作用，但他们的记述还是将这些副作用包括在内，这表明人们对于辣椒的特性已更加熟悉，也反映出辣椒在地理上的分布广泛以及消费的普遍。从医之人非常清楚在中国药典中那些历史悠久的药材都可能出现不良反应。因此，包括这些负面特性，进一步证明了这一外来物种成了中国的东西，甚至成了正宗的中国的东西。

今天的利用

在二十世纪和二十一世纪，辣椒对于健康影响的大众记载继续增多，然而辣椒在中医中的使用主要限于饮食上的限制或添加。如此一来，人们都了解辣椒对健康有影响，但中医师倾向于不将它们包括在处方

1.《丹徒县志》（江苏，1879 年），卷 17，第 7a–b 页。

中。例如，绝大多数现代处方——包含具体疾病处方的手册——都不包括辣椒。[1]

当代《中华本草》（1998年）包含了大量关于辣椒的信息，但它实际上是作为中医药史研究者和对各种成分的功效进行实验室研究的人员的一种资源，而不是面向从医之人的。书中关于辣椒的部分，包括历史渊源、这一植物的自然史、果实中的各种成分的详细化学分析、全国范围内产量统计，以及辣椒的生理影响。积极的健康作用包括有助于消化、增强血液循环、作为抗真菌剂、调节脂肪氧化、有助于呼吸系统。此外，编纂者还指出辣椒素可以用作杀虫剂。[2]虽然这些细节都包含在这十册书中，但其中许多信息似乎更旨在融入成为现代生物医学的复合物，作为液体输入身体，而不是作为传统中药的一部分。

大众知识可以在一些体裁中找到。一首来自湖南的关于辣椒的流行歌曲描述了几种辣椒对健康的影响：

---

1. 例如，Geng Junying et al., *Practical Traditional Chinese Medicine and Pharmacology: Herbal Formulas* (Beijing: New World Press, 1991)；李文亮、齐强等编：《千家妙方》，上下册，解放军出版社，1982；彭怀仁主编：《中医方剂大辞典》，共11册，人民卫生出版社，1993；《全国中草药汇编》编写组编：《全国中草药汇编》，上下册，人民卫生出版社，1988；Daniel Reid, *Chinese Herbal Medicine* (Boston: Shambhala, 1992); Volker Scheid et al., comps. and trans., *Chinese Herbal Medicine: Formulas and Strategies*, 2nd ed. (Seattle: Eastland Press,2015)；《中医常用草药中药方剂手册》，香港医药卫生出版社，1972；《中药学》，http://www.zysj.com.cn/lilunshuji/zhongyaoxue/index.html，2015年5月13日访问。
2. 吴贻谷、宋立人总编：《中华本草》，第7册，第251—254页。

去湿气，开心窍，健脾胃，醒头脑。更有那丰富的维生素，营养价值高。莫看辣得你满头汗，胜过做理疗！[1]

吃辣椒的整个积极作用——营养的、医学的和个人的——都值得有一首流行的赞歌，它主要关注的在于娱乐而不是教育，证明了辣椒的作用在通俗文化的无缝衔接。“胜过做理疗”的比喻，利用的是这首歌所唱的辣椒影响人们发动战争的能力，尤其革命的能力，这是它火热本质的象征意义。

有本关于辣味与健康关系的畅销书也开列了辣椒的几种医疗效果。这一著作具体分析了辣椒素是辣椒有着治疗效果的来源。这些作用包括驱风、散寒、行血、皮肤血管扩张、血液流向表面。[2]这些作用大多与帝国晚期的作者所讨论的影响一致。皮肤血管扩张、血液流向表面的特性，不包括在帝国晚期的文献中，但它们也符合更广泛的辣椒属温性的分类。

我个人的经历有助于揭示当代人对辣椒的强调在于食用而不是药用。二十世纪九十年代中期，当时我住在北京，手、胳膊和脸上出了皮疹，我请教中医如何消除这些症状。医生给我开了一个典型的方子，主

1. 何纪光（演唱），鲁颂（作曲），谢丁仁（作词）：《辣椒歌》，收入《20 世纪中华歌坛名人百集珍藏版：何纪光》，第 13 首，中国唱片总公司，1999。第六章将全文照录整首歌的歌词，英译并做进一步的分析。

2. 红森主编《辣味美食与健身》，第 9 页。

要由干燥的各种植物根茎叶和一些昆虫甲壳组成，配成一种输液用的溶液，还强烈建议我停止吃辣椒，减少油的摄入。尽管没有用辣椒作为输液的配料，从医之人还是很清楚它们对健康的影响，不论是过量会导致皮肤过热（与“金”和“辛”相关联）还是作为平衡湖南和四川等地的过于潮湿天气的纠正物。

尽管辣椒在烹饪上的用途主导着它们对中国文化的影响，理解它们如何影响健康——积极的和消极的——依然是这种进口之物完全适应中国环境的关键所在。将辣椒归为“热”和“辛”，这种基本分类，对于中国人理解如何利用这种新来之物具有根本意义。正如人们在烹调中用辣椒代替其他辛辣的调味品一样，人们也用辣椒替代其他药用植物，如吴茱萸，因为它们有着散热的能力；当脾或胃有病需要更猛的药物时，辣椒甚至作为姜或是肉桂的替代品。

将辣椒纳入各种传统医疗体系，对于那些主要关注健康的医书作者来说尤其重要。他们需要知道辣椒在阴阳、五行、气等分类中的适宜位置。有了这些知识，他们就可以明白辣椒治疗各种体内疾病所起作用的原理。尽管这些分类的确必不可少，但对实际经验结果的观察，对于辣椒的热情接受和本土化，甚至是在成为正宗之物的问题上，起着同等或更大的作用。因此，由于五行，一种属“辛”的植物就该有着影响肺的能力，但让许多专家惊叹不已的是它对于肺和膈肌祛湿的效果如此之好，这肯定是观察的结果。

随着对辣椒的使用的增加，在十八世纪末作者们开始注意到辣椒对于健康的一些不利影响，通常是因为食用过多。开列有害影响，可以看作是由于辣椒的日益流行，人们观察到的这种情况增多的结果。还有，随着有关这种果实的知识扩展，从医之人开始注意到它在地域间或人与人之间所起作用上的差异。这种理解越多，就使得越多的从医之人能够更娴熟地运用辣椒，因病施治。

对于辣椒在中国的药用分析，支持了医学史近来的研究趋势，这已由尤金·安德森、琳达·巴恩斯、欣里希斯、吴一立等人证明，强调了通行的治疗方法的重要，这是对专注于既有体系的精英著述的补充。如果中医只由理论和体系组成，那么用辣椒来治疗疟疾、消炎、抗菌、止痛，就可能不被注意，不会出现在文献中。因为辣椒的这些用途在各种文献（包括医书）中都得以强调，那么，我们就有确切的证据，认为中医确实是将通行或者观察到的治疗与更抽象的体系相结合。甚至辣椒的那些被视作能纳入五行体系的特色，也可能是由观察而逐步积累认识到的。例如，虽然许多辛辣的调味品可能有助于消化并刺激食欲，但文献中如此频繁强调辣椒，似乎表明所观察到的影响增强了辣椒与这些效能的联系。

与食用一样，药用也受到气候和环境等地域因素的影响。在福建泉州，这里普遍吃海鲜，人们观察到了辣椒素的抗微生物特性，因此使用辣椒，并且主要将它归为药用植物而不是一种调味品——尽管可能也欣赏它的味道。在疟疾肆虐的地区，特别是广东和广西，辣椒既用于治疗，也用于预防。我们将在第六章更详细地看到，在湖南和四川这些潮湿的内陆地区，辣椒被视为饮食必不可少的一部分，以防治与潮湿有关的疾病。辣椒消费在这些地区无处不在，它们改变了文化，乃至成为文化标识符。尽管辣椒在整个中国内地都很流行，但事实上它们的用途，各地会有不同，是需要驱动着它们的快速发展，进而融入中国文化。辣椒许多特性的高通用性以及辣椒素的影响，使得这个外来者很快就本地化了。

第四章

辣得口难开
——精英对辣椒的缄默不语

甚辣，不可入口。

——王路《花史左编》，1617 年

在前面几章，我论证了辣椒不仅融入了中国既有的文化体系，而且它的融入也带来了新的实践。虽然帝国晚期的史料提供了这些变化的证据，但认识到有关辣椒的史料在十九世纪末之前一直都很少这一点很重要。考察这种史料何以如此有限，可以让我们从不同的角度探讨中国精英文化实践，从而加深对于精英阶层要保持身份代代相承的坚定信念、学术价值观以及口味与精神纯洁间相互关联的理解。

诗歌和绘画是帝国晚期精英们表达创造力的两个重要领域。辣椒作为诗歌或绘画的主题遇到了几乎不可逾越的障碍。在二十世纪之前的诗歌中，以辣椒为主题的我只找到了一首；而帝国晚期以来的绘画只找到了一幅高质量的以辣椒为主题的木版画（不是真正的绘画）。我在第五章将检视这些例子的象征意义。然而，从二十世纪开始，作为艺术主题，辣椒变得很普遍了。

尽管辣椒的辣是它的首要特征，并由此走上了中国人的餐桌，但它们的强烈刺激也使得有些人不愿意将它们纳入自己的饮食。这种对大众的吸引与精英的不情愿或回避形成了鲜明对比，贯穿着辣椒在中国的头两百年历史。我们可以看出这些矛盾的趋势，是两组文献所呈现的——一组出自十七世纪，另一组出自十八世纪。广泛的吸引力和接受在最早的 1621 年记载辣椒的医书中就已展现，佚名作者说："今处处有之……研入食品。"[1] 与之形成对比，王路在 1617 年的园艺书中，断言辣椒"甚辣，不可入口"。[2] 两部十八世纪的地方志也同样对比鲜明。1755 年的一部陕西地方志的编纂者也强调辣椒作为调味品的无所不在，前面已经引述过，说辣椒"每食必用，与葱蒜同需"。[3] 就在一年后的 1756 年，江西省一部地方志的编纂者，在"本地物产"部分，把辣椒描述成应该避免之物，一种外在于文化规范的东西——一种文化的他者。他抱怨："以和食，汗与泪俱，故用之者甚少。"[4] 辣椒用途的地域（甚至是个人）变化，肯定会对它如何被欣赏以及被书写产生影响，但这些文献间的反差，远比地方或是个人的差别要持久。

1.《食物本草》（1621 年），卷 16，第 12b 页。

2. 王路：《花史左编》（1617 年），卷 23，第 5b 页，收入《续修四库全书》第 1117 册，上海古籍出版社，2002。

3.《镇安县志》（陕西，1755 年），卷 7，第 13a 页。

4.《建昌府志》（江西，1756 年），卷 13，第 12b 页。

认真分析，就可以揭示出一些精英作者将自己与“他者”分离开来的方式，即使他们描述的是社会下层消费。因此，值得重新审视的是，前几章所考察的揭示了社会下层消费的资料是哪些。因为明清官吏不能在本省任职，地方志的“物产”部分，对那些授官于此、来自外地的官员来说就是极重要的参考材料。要分析地方志中所用语言的微妙之处，明白下面所说的很重要：许多当地精英和来自其他地区而任职于此的官员接受了一种理想化的观点，即他们是超越地区差异的全国精英的一部分。尽管在现实中，精英阶层内部以及社会下层中间，必然都存在着地区差异，但地方志是一种体裁，它的某些部分比如当地名人，强调了地方精英要符合广泛的全国范围对于社会上层行为的期望。[1] 与此形成对比的是，有的（尤其是那些关于物产和当地习俗的部分）是为了向官员们提供一些非精英的地方做法的描述，目的是让非本地的官员更好地了解当地的条件、习俗和文化。地方志的精英编纂者提到“土人”习俗时，通常把自己排除在外。他们经常是认同精英的共同做法，而不是当地文化。所以在阅读地方志（以及其他体裁）对辣椒的描述时，“土人”这个词通常应该解读为“非精英的本地人”。当然，也会有例外，十七八世纪的精英肯定有极喜欢吃辣椒者。但总的来说，十九世纪之前描述辣

1. 例子见 Joseph Dennis, *Writing, Publishing, and Reading Local Gazetteers in Imperial China, 1100–1700* (Cambridge, Mass.: Harvard University Asia Center, 2015)，尤其是第一章。

椒广泛使用的文献，主要说的是非精英的使用。尽管精英作者在很多帝国晚期体裁中忽视大众——这种做法很典型，实际上他们会在地方志的“土人”部分对辣椒记上几笔是可以想见的，因为这对于他们为官的精英同僚来说是有用的信息。

中国在辣椒与一些其他美洲农作物的接纳中间，有一个重大的不同，就是记述它们的文献数量有别。种植高热量作物，如甘薯、玉米、花生，是当地政府以及精英通过各种翔实的书面文献予以倡导的。[1] 烟草作为一种物产和一种经济作物吸引了许多人，所产生的文献比辣椒的丰富得多。[2] 有关辣椒的文献很匮乏，量很少，所能见到的篇幅也很短。尽管地方志是本研究的一个重要体裁，但即便在这些地方志中，辣椒也是不见者多，出现者少。明清时期目前所见讨论辣椒最长的也只有四页半的篇幅！[3] 资料的这种稀缺和简短揭示了精英整个态度是模棱两可或对此回避。在这里，我将探讨这种有倾向性的沉默不言的大致根源。到了十九世纪中叶，这种情况已经开始改观，它们揭示了精英文化的重要方面，也就是辣椒的广泛接受和使用。

---

1. 例子见 Ho Ping-ti, “The Introduction of American Food Plants Into China,” *American Anthropologist* 57, no. 2 (1955): 191–201;and Ho, *Studies on the Population of China, 1368–1953* (Cambridge,Mass.: Harvard University Press, 1959)。

2. 见 Carol Benedict, *Golden-Silk Smoke: A History of Tobacco in China, 1550–2010* (Berkeley: University of California Press, 2011),esp. 7–33。

3. 赵学敏《本草纲目拾遗》约完成于 1803 年，但直到 1871 年才刊行。

精英在饮食上的不情愿

分析作为调味品的辣椒，很显然要用到的一种体裁是食谱。然而，直到十八世纪末，辣椒才出现在这种体裁的著述中。这种食谱中不见辣椒的情形，可以在刘大器主编的从周到清末的一部大型食谱汇编中看得一清二楚。明末之前的食谱当然不会含有辣椒，但此汇编所参考的大部分著述都是晚明和清朝的。此书收集了 3249 种食谱，只有 3 种含有辣椒。这 3 种食谱出自两部文献，一部刊行于 1790 年前后，另一部是在 1916 年。[1] 除了这两部文献外，我只在另外 3 份清朝食谱中发现过（都是 1863 年及以后的；我在写本书过程中查阅的食谱，见附录 A）。

十九世纪中叶以前食谱中鲜有辣椒，这反映了帝国晚期各种体裁对辣椒的普遍的处理态度。更确切地说，是不予处理。我所查阅的地方志中，出现辣椒的不及四分之一。此外，在地方志中，最长的词条只有半页，绝大多数都很短。而且，记载辣椒的最早的其他文献与记载辣椒的

1. 刘大器主编的食谱中辣椒出现在第 1895、1959、1970 页。其中两处出自童岳荐 1790 年前后的《调鼎集》，另一处出自徐珂 1916 年的《清稗类钞》。尽管刘大器认为在两份食谱和另一文献中存在辣椒，但他标点有误，因此对食谱成分的认识并不正确。两份食谱实际所用是芥辣 [朱彝尊：《食宪鸿秘》（1680 年），中国商业出版社，1985，第 144、151 页]。刘大器将这两个字分开算作两种成分：芥是芥末，而辣是指辣椒（刘大器主编《中国古典食谱》，第 821、1202 页）。问题是，十七世纪晚期，“辣”这个词在配料表里的使用极为含混。在十九世纪中叶以前，“辣”与辣椒并没有直接的对应关系，那时甚至在食谱中仅用一个“辣”字就代表辣椒也是极不常见的。

最早的地方志之间相差 80 年。因此，尽管文献证实了辣椒广泛使用这一事实，但关于它们使用的翔实书面记录远远滞后，这可能至少部分是由于采用上的差异，早期更多的是不识字的人使用辣椒。

仔细阅读两种不同的文献，我们可以看到精英对辣椒消费的一种不情愿，文献的作者描述当地习俗的同时也夹带了他们自己的精英阶层偏见。最早讨论辣椒的文献就包括了王路的园艺著作《花史左编》（1617 年）：

> 花之似（卷）……藤（本）
>
> 地珊瑚：产凤阳诸郡中。其子红亮，克肖珊瑚，状若笔尖……初青后红，子可种。又名海疯藤。子有毒，甚辣，不可入口。[1]

王路同高濂（第一个写到辣椒之人）一样，是浙江人，但他在对辣椒的评论中指出它们生长在邻近的内陆地区，也就是清朝时的安徽省。尽管都指称辣椒，但王路使用的名字与高濂不同，这很可能是因为辣椒是从浙江沿海扩散到内陆的安徽。王路照抄了高濂的文字，将辣椒果实描述为毛笔形状，种子是用来繁殖的。王路显得亲口尝过辣椒果实似的，但他把这种植物归为藤蔓植物，这让人怀疑他是否真的见过辣椒植株。

1. 王路：《花史左编》（1617 年），卷 23，第 5b 页。

胡椒属藤蔓植物，王路可能是将味道和植物类型联系起来了。辣椒另有一个名字海疯藤，把这种错误识别放在名字里，似乎是正确识别出了它的海外起源。[1] 与高濂一样，王路给人的印象是，他更陶醉于辣椒之美（更多的论述，参阅第五章）。尽管他专注于辣椒果实的外形，但他把辣椒置于书中花的部分，这一部分是关于花的外观的——通过联想和分类突出审美吸引力。他的选择，包括名字中有珊瑚，然后在他的描述中重申了比较，强调的重点是视觉鉴赏。[2] 打磨过的珊瑚因其光泽而被视为半宝石和亮红色。王路在名字和描述中用到了珊瑚，像高濂描述辣椒果实看起来像毛笔一样，突出了精英文化，因为精雕细刻过的珊瑚几乎不可能存在于高级店铺和精英家庭之外。

王路强调的是审美，这或许可以解释辣椒在凤阳广受欢迎，是因为它们好看，但如果这样的话，王路就与强调辣椒装饰性的作者有着不同。例如，高濂强调这些果实"甚可观"[3]，但王路并没有明确说到它们的美，尽管他确实强调它们看起来像珊瑚。关注审美的作者有的强调人们喜欢

---

1. 只有其他两种文献将海疯藤作为"又名"（没有一个是作为主名）：陈淏子的植物学著作《秘传花镜》（1688 年，卷 5，第 43a 页）可能是直接从王路那里引述的这一名字；赵学敏的《本草纲目拾遗》（卷 8，第 73a 页）直接引用的陈淏子的著作。

2. 我另外只找到了三种文献使用珊瑚来描述辣椒：徐文弼《新编寿世传真》（第 160 页）用它作颜色的描述用词；赵学敏《本草纲目拾遗》（卷 8，第 73a 页）引述现已散佚的一种文献，也是将它作为颜色的描述用词；《袁州府志》（江西，1860 年），卷 10，第 2a 页，给出珊瑚椒作为另名。

3. 高濂：《遵生八笺》卷 16，第 27b 页。

把辣椒放在盆里作为装饰。常用的动词多是“蓄”或“植”，[1]而王路用的动词是“产”，用字与地方志“物产”部分相同。如此看来，整个凤阳府的许多农民正在种辣椒（几乎可以肯定是为了消费）。前面提到过另有两部十七世纪初的文献记载了辣椒种植相当广泛：王象晋在1621年写到北方有种植，《食物本草》的佚名作者也是在1621年评论“今处处有之”[2]。王路对辣椒遍布凤阳的记述可以解读为一位精英作者记录社会下层的实践。

此条的结尾处是王路对辣椒浓烈味道的偏见。他重弹同时代的朝鲜人李睟光的调子。李睟光在1614年将辣椒描述为有毒和潜在的危险，尽管它们“今往往种之”[3]。凤阳广泛种植之物可能不止于装饰。因此，说辣椒“不可入口”是孤高的精英们的夸张，忽视了社会下层的烹饪实践。

我们可以看到一个相同的表达结构，显然是准确描述了社会下层的实践，这是与精英的偏见相左，见于1756年江西的一部地方志：

1. 例如《食物本草》（1621年），卷16，第12b页；《宁乡县志》（湖南，1867年），卷25，第8a页。

2. 王象晋：《群芳谱》（1621年），卷1，第7a—b页、第9a页；《食物本草》（1621年），卷16，第12b页。

3. 李睟光：《芝峰类说》（1614年），南晚星注，下册，第635页。

（蔬属）椒茄：垂实枝间，有圆有锐如茄，故称茄。土人称圆者为鸡心椒，锐者为羊角椒。以和食，汗与泪俱，故用之者甚少。[1]

细读这段文字，可以看出辣椒的社会下层种植者与精英作者之间的鸿沟。首先，条目中多个品种辣椒名字支持了以下的解释：这一文献包括了对当地做法的一些描述。所列的名字“鸡心椒”和“羊角椒”，用的都是与农民生活经验密切相关的比喻。鸡心、羊角，这些是农民日常所见之物，借用它们的形状很自然地对不同类型的辣椒形状做了描述。这些与高濂的毛笔和王路的珊瑚意象形成了鲜明对比，后面两种都是来自学者书斋中的比喻。作者声称“用之者甚少”与他刚刚提到的当地人至少种有两个品种的辣椒这一事实相矛盾：如果他们对所种的一种不加利用的话，就没有必要种更多。还有，既然这部作品不强调审美，那么不太可能种植两种辣椒都只是为了装饰，“鸡心”和“羊角”确实不会即刻唤起对于美的狂想。再者，“椒茄”的条目属于物产的蔬菜类，这表明它是食用的。地方志的编纂者流汗并流泪，很显然丝毫受不了这种极其刺激的香料。尽管这可能说的只是他个人对于这种香料不能容忍，但他声称“用之者甚少”，反映出他自己的不能容忍也是他的精英同仁的态度，但忽视了“生产”、命名并且几乎可以肯定是消费这一味道强烈的香料的主要人群——“土人”。

1.《建昌府志》（江西，1756 年），卷 13，第 12b 页。

此类偏见有助于解释辣椒出现在食谱上的时间之晚，十七世纪和十八世纪的食谱往往收录的是长江下游也就是江南地区的精英食馔，这一事实进一步加重了出现时间的延迟。这种饮食强调的是味道清淡。乾隆皇帝（1736—1795 年在位）非常喜欢这种烹饪传统，尤其是苏州菜，从那时起到十九世纪关于食物的文献都反映了宫廷的这一喜好。乾隆皇帝对苏州菜的品味，主导了他对中国菜的选择，他的品味也反映了他的满族传统，包括大量的烤肉，他在茶中也放牛奶。满人菜与江南菜一样，不看重辣椒。乾隆皇帝饮食的另一个重要方面，是他对佛教的虔诚，意味着他在节庆时食素。[1] 下面很快会看到，佛教的饮食戒律包括了要避开辣椒等食物的强烈味道。书面所表现的精英饮食中不见有辣椒，这也可以在十八世纪曹雪芹的著名小说《红楼梦》中看得到。尽管此书包括了一个人物，她的绰号中含有辣椒之意（见第五章），但书中所描述的许多菜没有一种含有辣椒。小说中的主要人物（以及作者）要么来自江南，要么完全赞同此种文化。因此小说中的食谱，就像清代的许多食谱一样，反映了江南精英菜清淡的口味，其中没有辣椒，实在意料之中。这些食谱中的菜品，根本无需这种浓烈的味道使之美味可口。然而，相比之下，辣椒可能对于增添社会下层的寡淡、淀粉质食物

---

1. Joanna Waley-Cohen, "The Quest for Perfect Balance: Taste and Gastronomy in Imperial China," in *Food: A History of Taste*, ed.Paul Freedman (Berkeley: University of California Press, 2007),124–26.

的滋味很重要。此外，还有数种新引进的美洲农作物——玉米、马铃薯、甘薯——给社会下层饮食增添了新的高淀粉成分。尽管辣椒第一次出现在食谱中是在 1790 年前后，但直到十九世纪中叶，它们才常见于食谱。这一转变表明，在整个十九世纪，辣椒在精英社会中被越来越多地接受了。

另一个可能造成精英写作中不见有辣椒的原因，是中国传统文化中几个重要的信仰体系力戒食物的强烈味道，有的要求长年如此，有的是在特定时间。弗朗索瓦·朱利安（François Jullien）证明了中国的精英在思想、食物、音乐、绘画等诸多领域通常追求的是淡雅、细腻，也就是“淡”。就味道而言，朱利安宣称，对于许多精英作家来说，“所有味道都无比诱人……一入口，没有别的，就可以完全体会到那种瞬间的刺激。当然也需要超越这种表面的兴奋。”[1] 中国第一个写到辣椒的作者高濂，如第一章所见，公开表示反对浓烈的味道，并没有将辣椒包括在他著作中的食物或医药的部分。

在儒家的礼仪传统中，某些仪式的表演者在演出前几天，需要通过斋戒和避免特定的活动来使自己清心寡欲。斋戒通常不是完全不吃东西，而是避免吃肉和味道浓烈的蔬菜。在如何斋戒中通常包括汉字

---

1. François Jullien, “The Chinese Notion of ‘Blandness’ as a Virtue: A Preliminary Outline,” trans. Graham Parkes, *Philosophy East and West*, 43, no. 1 (1993): 107.

"荤"，意思是肉或味道浓烈的蔬菜，或两者兼而有之。[1]根据二世纪对先秦礼仪之书《仪礼》的注，"荤"指的是有刺激性的"葱、薤之属"，吃了会影响休息。[2]晚唐传奇小说家薛用弱（活跃于821—824年）评论道，为了使人"性淳和洁白，不茹荤辛，常独处幽室"[3]。这里薛用弱用"荤"修饰"辛"，因为"辛"通常与植物香料的味道而不是肉联系在一起，很可能这里用"荤"指味道浓烈的蔬菜。在完成于1735年的《明史》中的禁欲也就是斋戒仪礼部分，表演者被告诫"不茹荤"。[4]尽管1716年出版的《康熙字典》的编纂者并没有具体说明"荤"是指肉还是蔬菜，或者两者兼指，但对"荤"的定义，首先是从《礼记》的一条注文开始的，说"荤"指的是"姜及辛菜也"[5]。《康熙字典》中"荤"的第二个例子就是前引《仪礼》的注文。

佛教僧侣的饮食戒律，要求不能吃肉也不能吃味道浓烈的蔬菜。此外，包括乾隆皇帝在内的信徒，也经常在特定节日遵循这些饮食戒律。

1.《汉语大词典》，第9卷，第490页。"荤"有着"草字头"。

2. 郑玄校：《仪礼》，《十三经》（1815年版），75-1。见汉籍全文资料库，http://hanchi.ihp.sinica.edu.tw/ihp/hanji.htm。葱的学名是 *Allium fistulosum*，常常译作 scallion，当然也作 the bunching onion；薤的学名是 *Allium chinense*，常常译作 Chinese onion。

3. 引自《汉语大词典》，第9卷，第490页。

4. 张廷玉等：《明史》，卷47，第1239页，见汉籍全文资料库，http://hanchi.ihp.sinica.edu.tw/ihp/hanji.htm。

5. 张玉书等编，渡部温订正，严一萍校正：《校正康熙字典》，第1册，第2373页。

在中国佛经中，味道浓烈的蔬菜通常说成“五荤”或“五辛”。《楞严经》是佛教重要的经文，“受人赞扬，因为它思想深邃、语言优美并对打坐见解深刻。”中国佛教传统的说法，此经是在八世纪早期由梵文翻译成中文的。然而，此经很可能最早是用中文写成的。[1]这一中国本土的佛经很有影响力，尤其是在禅宗中。此经包括关于不能食的“五辛”——大蒜、茖葱、慈葱、兰葱、兴渠——的评论。[2]兴渠源于中亚，它的根和茎的汁液用于印度的烹饪。尽管大蒜、慈葱、兴渠在印度北部——佛教发源地——的烹饪中常见，但在此经的中文本中包含了茖葱、兰葱，也许是适应了中国人的情况，将他们菜肴里流行的浓烈调味品排除在外的结果。不能吃这些味道浓烈的蔬菜，因为它们会激发热情，而且它们强烈的气味也会让人想到不纯。[3]

受佛教实践的影响，道教修行传统也要求不食“五荤”，但与佛教有些不同。道教的清单不需要有什么印度传统的先例，开列的都是常用

---

1. James Benn, “Another Look at the Pseudo-Śūraūgama sūtra,” *Harvard Journal of Asiatic Studies* 68, no. 1 (2008): 57.

2.《楞严经》，卷 8，第 925 页，中华电子佛典协会，CBETA .org。佛经中的“五荤”是：（1）大蒜（英文 garlic，拉丁学名 *Allium sativum*）；（2）茖葱，又名薤（Chinese onion，*Allium chinense*）；（3）慈葱（scallion，*Allium fistulosum*）；（4）兰葱，又名韭（garlic chives，*Allium tuberosum*）；（5）兴渠（asafetida，*Ferula assa-foetida*）。

3. John Kieschnick, “Buddhist Vegetarianism in China,” in *Of Tripod and Palate: Food, Politics, and Religion in Traditional China*, ed. Roel Sterckx (New York: Palgrave Macmillan, 2004), 191–92.

的中国菜。李时珍在《本草纲目》的大蒜词条指出寻求长生不老的练形家确定的这五荤是“小蒜、大蒜、韭、芸薹、胡荽”。[1] 李时珍接着说，道教信徒以相似的清单作为五荤：“韭、薤、蒜、芸薹、胡荽。”[2] 对于这些不同的传统来说，反对特别浓烈味道蔬菜的戒律，源于人们相信吃下这些植物会扰乱心性。打坐当然是佛教和道教修行传统的重要组成部分。《明史》的“礼仪”部分阐释了在深受儒家影响的献祭祖先以及国家层面祭祀神祇或儒家圣贤之前要斋戒的目的：“专一其心，严畏谨慎，苟有所思，即思所祭之神，如在其上，如在其左右，精白一诚，无须臾间，此则斋也。”[3] 尽管这段话只适用于特别仪式之前的一些日子，但这种斋戒的目的，与佛教或道教僧侣为了入定而进行的持续性禁欲类似。的确，在托马斯·威尔森（Thomas Wilson）对于崇祀孔子的国家官方礼仪的研究中，对于斋戒也就是禁欲的目的描述，也同样适用于其他传统的戒律：“斋戒意味着面对重要事情的时候，远离分散注意力的那些活动。”[4] 避免食用蔬菜的具体种类可能不同，但这些蔬菜都有一个共同点即浓烈的味道。这些清单都早于辣椒的引进。然而，如果有人认为蒜、姜或芫荽的

---

1. 李时珍：《本草纲目》（1596 年），卷 26，第 20a 页，收入《景印文渊阁四库全书》第 773 册，台北商务印书馆，1983。练形家，《汉语大词典》（第 9 卷，第 932 页）解释为方士。
2. 李时珍：《本草纲目》，卷 26，第 20a 页。李时珍使用“道家”指道教信徒。
3. 张廷玉等：《明史》，卷 47，第 1239—1240 页。
4. Thomas Wilson, “Sacrifice and the Imperial Cult of Confucius,” *History of Religions* 41, no. 3 (2002): 272.

味道会分散人的注意力，那么辣椒的味道更刺激，更应该避免。的确，今天中国佛教僧侣除了葱属植物外，也不吃辣椒。这些避免浓烈味道的传统，不论是在所有时间还是只在重要仪式期间，都是为了培养宁静专注之心，这强化了帝国晚期精英避免食用以及在当时对于辣椒书写的倾向性，这是有可能的。

药典与先例难寻

正如许多帝国晚期的作者将辣椒拒之于他们的食谱之外一样，这一时期的医书中，也少见辣椒。我翻阅了 70 多部医书（见附录 B），只在 13 部中找到了辣椒。如前所述，最早记载了辣椒的医书是 1621 年佚名作者的《食物本草》。在表 4.1 中，我列出了查阅到的此书所有版本，其间的变化一目了然。清单包括几个没有记载辣椒的早期版本（1550 年、1593 年、1620 年）。然而，更能说明问题的是，尽管 1621 年的版本已经记载了辣椒，但后来的 1624 年和 1691 年的版本，也没有辣椒。沈李龙的 1691 年版尤其给人以启发，因为在此之前另有两个版本包括了辣椒，这两个版本分别于 1638 年和 1642 年刊行，照抄了 1621 年版关于辣椒的文字。1691 年版的《食物本草》以及后来的特别是 1840 年至 1869 年出版的 9 个版本，都不见辣椒（见附录 B），这证明了将辣椒整合到医学著作中是多么困难，尽管来自地方志以及其他医学文献的证据表明，人们显然是在利用辣椒治病。

表 4.1　帝国晚期部分《食物本草》版本

刊行年份	作者	书名	是否包括辣椒
1550 年前后	佚名（明代宫廷写本）	食物本草	否
1593 年前后	胡文焕	食物本草	否
1620	钱允治	食物本草	否
1621	佚名	食物本草	是
1624	张介宾	食物本草	否
1638	陈继儒	食物本草	是
1642	姚可成（据传）	食物本草	是
1691	沈李龙	食物本草会纂	否

如同对于辣椒这种调味品的来源弄不清楚一样，造成上述这种偏见的确切原因也难以指明。考虑到食物与药物之间错综复杂的联系，似乎文人所有不情愿食用辣椒的原因，也都可以用于辣椒的药用上。此外，相当多的从医之人可能发现辣椒太辣从而不能入药。他们可能觉得辣椒的浓烈辣味会盖过药方中的其他药材。另一个因素似乎是一些文人在完全赞同辣椒的用途之前，总想在先前的医书中找到它作药材使用的例子。虽然很多帝国晚期的作者意识到辣椒被引进中国是不久前的事情，但仍有一些人要在更早的受人尊敬的书中为辣椒找到先例。虽然帝国晚

期许多行医之人可能都有一部极喜欢的常查阅的医书，但重要的是要强调，这一时期没有一种医书占主导地位。然而，在二十世纪和二十一世纪，人们对于李时珍的《本草纲目》有一种明显的倾向，特别偏爱从中找出依据。尽管帝国晚期医学作者和从业者似乎并没有强烈地对李时珍的著作抱有偏好，但一些地方志的编纂者在十九世纪前中期确实把这部作品视为权威，作为可以参考之作，以识别不知名的植物。

李时珍的《本草纲目》最早刊行于1596年。这一多卷本著作不包括辣椒。尽管辣椒不见于李时珍的著作，但后来的一些地方志编纂者，可能是出于一种愿望，要将一种在中国渊源并不长久的植物正统化，就寻求将辣椒附会为李时珍讨论过的不太常用的植物。[1]《本草纲目》被一些人视作权威之作，但其中缺少辣椒，导致辣椒少见于医书和其他体裁，为了证明这一点，我在云南省的一系列地方志中追溯了“秦椒”这一条目。

在1576年版和1691年版的《云南通志》中，不可能会有辣椒的条目。1736年版在“蔬属”部分包括以下条目——“秦椒：俗名辣子”[2]。

1. 例如1802年版广西《临桂县志》（卷12，第8b页）称李时珍将辣椒当作食茱萸，1852年版贵州《贵阳府志》（卷47，第7a页）认为《本草纲目》中所开列的地椒就是辣椒。然而在李时珍的著作中（卷32，第10a、20b—22a页），这两种植物很明显不是辣椒，而只是与花椒同属的两种不同的植物。

2.《云南通志》（1736年），卷27，第3a页。

如前所述，秦椒这个名字，既用以指称辣椒，也可指称花椒。尽管辣子在十八世纪后期变成了一个相当常见的名字，但它也是食茱萸的另名。食茱萸有时用作调味品，但更多是入药。它的学名是 *Zanthoxylum ailanthoides*，实与花椒同属。[1] 由于 1736 年版《云南通志》条目的表述模糊不清，蒋慕东、王思明在他们关于辣椒的文章中，认为不能确认这个条目说的就是辣椒。他们实际上是将 1894 年的一部州志，作为云南最早明确提及辣椒的文献。[2] 我将出示证据并在下面进行分析，以表明 1736 年版《云南通志》的编纂者将两个可替代也就是次要的名称联系在一起，这通常是与两种不同植物有关，为的是让读者明白，这是第三种不同植物的条目，即近来引进的辣椒。

这个词条如果不是指的辣椒，那么它就毫无意义。如果它不是辣椒的话，那么它或是花椒或是食茱萸。然而，尽管花椒（*Zanthoxylum bungeanum*）常被称为秦椒，但已知资料没有一种说花椒也称为辣子。同样地，尽管食茱萸有时也被称为辣子，但已知资料没有一种称它为秦椒。此外，1736 年这个时间与其他省书面资料第一次记载辣椒为辣子几乎同时：湖北，1754 年；贵州，1756 年；湖南，1765 年；四川，

1. 沈连生主编：《本草纲目彩色图谱》，第 263 页。
2. 蒋慕东、王思明：《辣椒在中国的传播及其影响》，第 18、22 页。

1758年。[1]对于1736年地方志的编纂者识别出辣椒这一点，进一步的间接证据，可以在这部方志内部找到。在1736年的地方志中，“花椒”有一个单独的条目，因此编纂者用秦椒指称辣椒，确实有道理。此外，地方志还收录了其他美洲农作物，包括南瓜、马铃薯、花生。[2]尽管包括了其他美洲作物并不能证明就有辣椒，但在我为写这本书而查阅的许多地方志中，那些包括辣椒的，至少还开列了一种其他的美洲作物。邻省已知最早的记载辣椒的资料或早于1736年或稍后：贵州，1690年；广西，1733年；四川，1749年（见地图1.2）。[3]记住以下的情况很重要：在这些省份，辣椒被记录之前，几乎可以肯定已存在若干年甚至是几十年。因此，有理由相信，辣椒出现在云南，是它来到贵州和广西之后不久，这是两条云南引种的可能途径。辣椒到达云南的时间应该与到达四川差不多，这么说也是有道理的。最后一点，云南的一部1799年的地方志肯定是认出了辣椒：“番椒：又名秦椒，俗名辣子。”[4]为了避免

1.《长阳县志》（湖北，1754年），卷6，第20b页；《平远州志》（贵州，1756年），卷14，页24b页；《辰州府志》（湖南，1765年），卷15，第12a页；段汝霖：《楚南苗志》（四川，1758年），第15页（《楚南苗志》系记录清代苗民概况的志书，涉及地域主要为湖南。——编者）。

2.《云南通志》（1736年），卷27，第2a、3a—b页。

3. 田雯：《黔书》（1690年），卷2，第3a页；《广西通志》（1733年），卷93，第28a页；《大邑县志》（四川，1749年），卷3，第32a页。

4.《宁州志》（1799年），卷1，第13b页。华盛顿大学图书馆收藏的这一地方志显然是孤本，蒋慕东、王思明没有见到。

任何可能的歧义，编纂者们加上第三个名字，除了与1736年地方志中使用的两个相同之外，这个只用于辣椒而不指称其他任何东西。这一条目中使用了秦椒和辣子，进一步支持了《云南通志》中更早的条目就是指辣椒。

之后的《云南通志稿》（1835年）的编纂者对1736年版的用词提出异议。在抄录了上一版的文字之后，他们指出旧志中称秦椒俗名辣子，"谨案：秦椒即花椒，辣子乃食茱萸。李时珍分析极明，旧志盖误。"[1] 1835年版的编纂者显然是囿于必须找到先例或权威的说法，所以试图指向李时珍《本草纲目》的具体条目。因为辣椒不在李时珍的书中，所以他们不采信前一版的条目，坚持应将这一条目分为另外两种植物，一种已经包括在1736年的地方志中，是在另一名字之下。1835年版本的这种变化，结果就是不再有辣椒，一个条目被不合逻辑地解释为两个东西。1799年时辣椒出现在云南，这是确凿无疑的，但1835年版《云南通志稿》的编纂者不理会前人，坚持认为一种植物不见于李时珍的《本草纲目》，那它显然不可能存在！

下一版的《云南通志》（1894年）照抄了1835年版的文字，还是表明不情愿认定李时珍书中没有出现过的植物。[2] 1901年又一个版本刊行，

1.《云南通志稿》（1835年），卷67，第14a页。

2.《云南通志》（1894年），卷67，第14a页。

这次编纂者记载:“秦椒:旧志俗名辣子。”[1] 他们没有对 1835 年和 1894 年版发表任何评论,没有说明他们引用的“旧志”实际上是 1736 年的版本,而跳过了后来的两个版本。1901 年版的编纂者接受了这个条目,认为识别的就是一种植物——辣椒。识别新事物却不能找到适当的权威说法,这种障碍对于一些地方志编纂者来说难以逾越,特别是在十九世纪。于是我们发现,在 1835 年和 1894 年,云南的学者自然会否认那里有人吃辣椒,因为它们不在李时珍的书中。

然而,到了十九世纪末,对于那些在医书中寻找到先例的人来说,辣椒获得了更高的知名度。赵学敏的《本草纲目拾遗》,包括了迄今为止帝国晚期关于辣椒的最长条目。尽管赵学敏在 1803 年左右完成了他的著作,但直到 1871 年才得以刊行。如前所述,赵学敏的著作刊行后就被并入李时珍的著作中。1871 年之后,最早再版李时珍著作的,我可以查阅到的是在 1885 年,包括了赵学敏的增补部分。后来李时珍作品版本包括了赵学敏的扩充内容,也因此包含了辣椒对于健康的积极和消极的治疗影响。鉴于二十世纪和二十一世纪李时珍著作的盛誉,通过赵学敏的修订而将辣椒纳入《本草纲目》,这进一步促进了辣椒变成中国人的东西。

但有着讽刺意味的是,即使是赵学敏明确写了他对于李时珍著作有所“拾遗”,以纠正其中的错误和疏漏,但连他自己都不愿意直截了当

1.《续云南通志稿》(1901 年),卷 56,第 6a 页。

地说，辣椒不见于《本草纲目》。他的条目“辣茄”，开篇就写：

> 辣茄：人家园圃多种之，深秋山人挑入市货卖，取以熬辣酱及洗冻疮用之，所用甚广，而《纲目》不载其功用。陈炅尧《食物宜忌》云：食茱萸即辣茄，陈者良。[1]

赵学敏显然为了尊重前辈，并没有说李时珍的书中不包括辣椒，而只是说《本草纲目》没有记录它的用途。他巧妙地利用了另一位学者（他的书现已散佚）作为权威来将辣椒（辣茄）认定为食茱萸，而这当然见于李时珍的著作。赵学敏掩饰了李时珍所描述的食茱萸肯定不是辣椒这一事实，因此毫不奇怪，它也不包括任何辣椒能有效治疗的病候。即使赵学敏认识到李时珍的工作并不完备，但他仍旧认为先例很重要。

连赵学敏这位帝国晚期比其他人记载辣椒都要多的人，也要在李时珍的著作中寻找辣椒，那么其他人反对将辣椒纳入他们的作品，就毫不为奇了。在各类体裁中，包括医书、食谱、植物学研究和地方志，辣椒声名不彰。然而，记载有辣椒的文献，证明了它在地理上分布广泛，用途多样——从调味品到蔬菜，从食欲刺激到神奇的痔疮治疗。因此，关于辣椒的资料有限，反映的是文字记载中的偏见。

---

1. 赵学敏的《本草纲目拾遗》，卷 8，第 71a 页。陈炅尧的著述现已散佚。

尽管辣椒辣的本性吸引了中国人将它融入自己的文化，以至于把它当作本土所产，但它们太辣了，也使得作者将它们排除在许多著作之外。一些精英作者对辣椒缄默不语，揭示了一些潜在信念的重要。家长式的倾向使得许多作者和政策制定者鼓励种植新到来的高热量作物，比如甘薯、玉米、花生；而低热量的辣椒在这种环境中则不能获得精英的注意。能从中获得益处也激励了一些作者。例如，许多人写烟草，是因为人们认为它对健康有益，而且当认识到它是值钱的经济作物时，情况可能更是如此。而辣椒通常在菜园里种植，直到二十世纪才变成一种重要的收入来源，但即使到了此时，它的经济收益也无法与其他经济作物相比。精英的传统，不喜欢食用有强烈味道之物，加之与江南菜清淡口味的偏好结合，就意味着许多帝国晚期的作者对于辣椒既不吃也不写。心绪澄静，以自省，养性或是冥想，这种精神上的重要，也体现在拒绝辣椒而喜爱清淡口味上。

能够读写并且能将自己置身于学者世系，是精英阶层做到代代相传的重要途径。精英们想要被人们记住，需要将自己写进未来，也需要证明自己与过去的联系，为的是被人接受，受人钦佩。书面先例因此变得极为重要，而辣椒的“新”使得它被排除在许多作者的作品之外。援引的先例证明了既要了解也要能接触到先前的著作。我前面说过，许多帝国晚期的作者寻求把自己置身于过去作者的谱系，作为一种手段，既可以使他们的学术正统化，又可以通过他们的书面作品，将自己投射到未来——把自己“读”进过去，把自己“写”进未来。[1]李时珍、赵学敏等学者要超越这种对于先例的要求而去写新引进的植物。然而，甚至连赵学敏也似乎不愿意直接说出辣椒不存在于李时珍的著作中。

精英对辣椒保持沉默，原因有多种。从十八世纪末开始，精英作者开始接受辣椒；十九世纪更是如此，这也是多种因素共同作用的结果。十九世纪中叶，辣椒的使用在中国内地所有地区都极普遍，精英作者越来越难以无视这种鲜红的果实。到了 1790 年前后，辣椒首次进入食谱，突破江南清淡的口味偏见。1885 年之后，赵学敏对辣椒的评论被纳入李时珍的著作中，终于开启了某种程度的辣椒医用的先例。对于考察辣椒来说，尽管地方志仍然是一种不完美的文献，但在整个十九世纪，将辣椒收录进地方志中，变得越来越普遍。翻阅山东地方志，能够很清楚地看到其中辣椒不断增多的趋势。[2]如表 4.2 所示，含有辣椒的地方志所占比例从十九世纪中叶到二十世纪中叶急剧增加。有了可以援引先例的医书以及辣椒的日益到处可见，似乎在吸引精英注意并接受方面起着关键作用。

---

1. Brian Dott, *Identity Reflections: Pilgrimages to Mount Tai in Late Imperial China* (Cambridge, Mass.: Harvard University Asia Center, 2004), chap. 3.
2. 我全面翻阅了山东的地方志，从清朝到民国的所有版本。

十九世纪中叶开始的重大社会变化，对无数地区精英的态度和实践有着重大影响，其中一些可能也影响了他们对于辣椒的认知。随着十九世纪印刷技术的变化（一些是国内发展的，一些是由西方人带来的），印刷速度更快，价格更便宜。这使得赵学敏的医书这样的作品，尤其是作为李时珍《本草纲目》的补充，更容易得到。

表 4.2　山东地方志中的辣椒

年份	查阅的地方志总数	含有辣椒的地方志	有辣椒的所占比例
1736—1840	70	9	12.9%
1841—1912	59	18	30.5%
1913—1949	57	30	52.6%
总计	186	57	——

中国第一份报纸《申报》于 1872 年在上海出版。新思想（尤其是来自西方和日本的）传播增多了。这反过来又影响了教育，教育开始偏离儒家经典——这是传统科举考试的主流。

随着文化和教育的这些变化，精英们对于斋戒的关注减少。辣椒的浓烈味道对于精英在饮食上的选择，可能不再起特别的负面影响。另外，随着西方科学对于植物分类法的引入，对援引先例的需求可能也减少了，更多的作者开始去写这种香料。尽管我们看到以前有作者注意到了辣椒和茄子的相似之处，但也只有到了二十世纪二十年代中期，将辣椒归为“茄科”的科学分类变得常见起来。[1] 二十世纪三十年代，一些作者在描述辣椒时还给出了它的拉丁学名——*Capsicum*。[2]

十九世纪中叶，精英阶层的地域认同感也增强了。例如，为了镇压太平天国起义，清政府不得不将它的一些权力，特别是军事领域的，让渡给地方官员。这些官员从他们自己所在地招募人员组成了地方军队，这在当时对于打败太平天国起到了决定性的作用。这些地方军事首领中的两个最著名人物——曾国藩（1811—1872年）及其门生左宗棠（1812—1885年），都来自喜爱辣椒的湖南省。这些精英明确强调他们的地域身份。同样，餐馆也成了主张地域身份的空间。专门做特色地方菜的餐厅在十九世纪下半叶开始在上海流行。到了1912年，在上海的川菜馆就餐——包括吃辣椒——成为这座城市有钱人地位的标志。[3] 吃辣椒肯定已不再限于社会下层。对于一些地域，尤其是四川和湖南，辣椒成了“身份食物”。

---

1. 例如《阳信县志》（山东，1926年），卷7，第4a页。
2. 例如《鄞县通志》（浙江，1933年），博物志，第3册，第13a页。
3. Mark Swislocki, *Culinary Nostalgia: Regional Food Culture and the Urban Experience in Shanghai* (Stanford, Calif.: Stanford University Press, 2009), 75–80, 152.

第五章

辣椒：漂亮之物与文学象征

要吃辣子不怕辣，

要当红军不怕杀。

——革命歌曲，二十世纪四十年代*

即使从中国最早的记录来看，对于辣椒的评价也是在它们食用和药用之外给出的。围绕食物和药材以外的辣椒的实践范围很广，从重视挂在植物上的辣椒果之美，到利用它的辣创造新的形象以描述妇女和革命者。尽管辣椒从一开始因为文人欣赏它亮丽的果实而占据了一席之地，但它终究无法突破藩篱，在诗歌或绘画中被接受。相比之下，它的新奇以及跨越阶层和性别界限的能力，使它得以呈现出新的表达形式。辣椒的吸引力超越了阶层——广泛种植于菜园以及精英的装饰性花园。它突破了性别规范——成为男性革命气概和女性深情的象征。可以说，随着时间的推

* 萧三编：《革命民歌集》，中国青年出版社，1959，第158页。

移，辣椒的隐喻和象征性用法不断深化、日益多样化，并创造了新的象征体系。辣椒充满着典型中国人和革命者的比喻意义——火热与激情。

审 美

精英作者通过一些方法，强调辣椒果实的视觉吸引力，辣椒开始融入中国人的审美。红色一直是生育的象征，因此在中国文化中是一种喜庆色彩。传统的新娘外衣是红色的。大红尤其受欢迎，无论是光滑的红丝绸织物还是打磨抛光的红珊瑚。一些辣椒的常见名字强调其红色，也更具体地反映了强调的是视觉吸引力：

红椒[1]

珊瑚椒[2]

赤椒[3]

---

1. 例子见《郫县志》（四川，1762年），卷2，第5b页。
2.《袁州府志》（江西，1860年），卷10，第2a页。关于地珊瑚，见王路《花史左编》（1617年），卷23，第5b页。
3. 秦武域：《闻见瓣香录》，壬，第20b页。

作者在描述辣椒时也使用了颜色。绝大多数作者径直将辣椒果实描述为“红”，但也有一些人使用了其他的字，揭示的红色更加细致入微。极少数作者用“赤”字形容成熟的辣椒果。[1]“赤”也是相当常见的表示“红”的字，通常比“红”要深，有时来描述太阳或心脏。[2]将辣椒形容成“赤”而不是红，这能激发想象辣椒果实的美。

有的人描述成熟的辣椒果为“朱红”。“朱”通常与高贵尤其是皇帝联系在一起。例如，“朱”这个字用于描述皇帝批阅文书时所使用的特殊红墨水的颜色；此外，皇帝穿的红袍素来冠以“朱”字，故用“朱”来形容辣椒的颜色，可以把高贵或皇室地位投射到辣椒身上。

我们从一种辣椒的名字可以明确看到这一点：“一种小而尖似笔颖者，名朱衣笔。”[3]此外，用两个字（朱红）来描述辣椒果，更是强调颜色，突出的是成熟果实的审美吸引力。

有少量的地方志，都来自浙江省，编纂者选择了一种不常见的红色——纯丹——来让人想到辣椒的颜色。[4]所加的修饰性的用字，意思

---

1. 例子见《山阳县志》（陕西，1694年），卷3，第50a页；汪绂：《医林纂要探源》（1758年），卷2，第79a页；《柏乡县志》（直隶，1766年），卷10之物产，第7a页；《兖州府志》（山东，1770年），卷5，第8a页。

2.《汉语大字典》，第1461页。

3.《建宁县志》（福建，1759年），卷6，第13b页。

4. 见《杭州府志》（1686年），卷6，第23a页；《海宁州志》（1776年），卷2，第55a页；《桐乡县志》（1882年），卷7，第4b页；《杭州府志》（1898年），卷78，第5a页。

是纯粹，也就是无掺杂，强调颜色之深之浓。“丹”经常与道家的长生不老药联系在一起，也用在了重要的冥想时意念集中之处也就是肚脐下方称为“丹田”的穴位名字中。此外，“丹”这个字也构成了牡丹这种极受欢迎的栽培花卉名字的一部分。选择一种与至高无上有关并且在花园中让人能感觉到美的颜色，强调了辣椒果实具有的吸引力。

在中国，生育的象征不限于红色，还扩展到了能多结果实的植物。单株辣椒，确实经常结出大量的辣椒果，数位作者有过评论，包括1690年早期的园艺书，形容这些果实“磊磊可喜”。[1] 含有许多种子的果实，特别是石榴，也被视作特别吉祥之物，代表着子孙绵长。“百子”，象征着许多后代。“子”这个字，这里指的是种子，也可以有孩子之意。尽管没有文献明确将辣椒果中的多子与祈求多子明确联系在一起，但还是有一些文字评论了辣椒子的丰富。[2]

对辣椒审美价值的强调，在中国第一部辣椒书面记述中已很显然，既直接反映在文字本身，也间接地反映在作者大部头的著作中对辣椒的安排上。1591年时高濂的完整描述是：“番椒：丛生，白花，子俨秃笔

1. 高士奇：《北墅抱瓮录》（1690年），第29b页；《嘉兴府志》（浙江，1878年），卷33，第24a页，也引述了高士奇的著述；《高州府志》（广东，1890年），卷7，第3a页。
2. 例子见《辰州府志》（湖南，1765年），卷15，第12a页；秦武域：《闻见瓣香录》，壬，第21a页；《桐城续修县志》（安徽，1827年），卷22，第2b页；《上海县志》（江苏，1872年），卷8，第11b页。

头，味辣，色红，甚可观，子种。”[1]虽然高濂提到辣椒是辣的，但是检查一下他著作的总体安排就会很清楚，他最看重辣椒的是审美而不是作为一种调味品、蔬菜或药材。高濂的这种情况，与早期的西班牙人类似。可以说，在辣椒到达中国后不久，至少是在江南地区的一些精英花园里供人们欣赏。

高濂对辣椒的描述出现在他《遵生八笺》的第六部分“燕闲清赏笺”。柯律格（Craig Clunas）将这一部分描述为“全是鉴赏之事”[2]。辣椒出现在此笺之下“瓶花三说”所附的“四时花纪”。番椒包括在一份开花植物的清单中，高濂的描述让人清楚地知道，他觉得“甚可观”的，是辣椒的红色果实，而不是白色的花朵。将辣椒置于论鉴赏的部分，表明高濂对辣椒果实的审美吸引力感到惬意。高濂著作的第五部分是关于“饮馔服食”的，而第七部分包括了“灵秘丹药”。这两部分都含有辣椒。如第一章所述，高濂关于浓烈味道的陈述，不足为怪：“若彼烹炙生灵，椒馨珍味，自有大官之厨，为天人之供，非我山人所宜，悉屏不录。”然而，在高濂的著作中还有一处顺便提到了辣椒。两个字的名字“番椒”

1. 高濂：《遵生八笺》，卷 16，第 27b 页。

2. Craig Clunas, *Superfluous Things: Material Culture and Social Status in Early Modern China* (Urbana: University of Illinois Press,1991), 18。对于高濂书中的各“笺”及次级标题的英译都是来自柯律格此书。

见于“起居安乐笺”下的“草花三品说”，还是强调辣椒之美的。[1]王茂华等人在关于东亚辣椒的文章中认为，辣椒一开始在中国是用作装饰性植物，而不是调味品。[2]

尽管辣椒的审美吸引力很快就被它的药用和食用价值所超越，但以后的文献中一直会提到这一红色、光亮的果实之美。1621年王象晋《群芳谱》对高濂的辣椒审美评价做了轻微的修正。王象晋是山东人，不是来自江南。他在1604年中进士，因此他至少去过北京一次，也至少在浙江以外的一个省做过官。[3]他有在外省的经历，因此无法确定他是在何处见到的辣椒。此书讲蔬菜的部分，包括以下条目：“番椒：亦名秦椒，白花，子如秃笔头，色红，鲜可观，味甚辣，子种。”[4]这一描述显然基本上来自高濂。王象晋还说，辣椒“鲜”时“可观”，把“甚”字的位置从修饰“可观”改为修饰“辣”，更看重的是口味，同时也提到了审美吸引力。

已知最早的记载辣椒的医书是1621年佚名作者的《食物本草》，包括了辣椒的食用和药用，也强调了种植它们是为了视觉享受：“人植盆中，以作玩好。”[5]同样，黄宗羲在他十七世纪晚期的笔记中，在花园里种

1. 高濂：《遵生八笺》，卷11，第1b页；卷7，第37b页。

2. 王茂华、王曾瑜、洪承兑：《略论历史上东亚三国辣椒的传播：种植与功用发掘》，第297页。

3. 张其淦：《明代千遗民诗咏》（1929年），台北明文书局，第67册，第73页。

4. 王象晋：《群芳谱》（1621年），卷1，第9a页。

5.《食物本草》（1621年），卷16，第12b页。

植的装饰性植物的清单中就有辣椒。[1] 我们也在一些地方志条目中找到了关于辣椒审美吸引力的表述：

> 1776 年，浙江（沿海，中部）："可为盆几之玩者。"[2]
>
> 1841 年，贵州（内陆，西南）："《遵生八笺》：甚可观……中盆玩。"[3]
>
> 1859 年，山东（沿海，北方）："色红鲜可观。"[4]
>
> 1867 年，湖南（内陆，中部）："色红如朱，光艳射目……多蓄作盆玩。"[5]

这些挑选出的地方志强调辣椒引人注目，颜色吉利，将多颗辣椒放在一起显得无比茂盛。

雅致的审美艺术在帝国晚期精英中具有广泛吸引力，其中许多人莳花弄草，泼墨挥毫，吟诗作画。辣椒肯定会进入园林——吸引晚明鉴赏家高濂的目光。然而，人们可以接受的入诗与入画的传统题材的门槛仍

1. 黄宗羲：《南雷文定》（约 1695 年），"中国基本古籍库"（电子数据库），北京：北京爱如生数字化技术研究中心，2009 年，第 139 页。

2.《海宁州志》（浙江，1776 年），卷 2，第 55a 页。

3.《遵义府志》（贵州，1841 年），卷 17，第 6a 页。

4.《青州府志》（山东，1859 年），卷 32，第 4b 页。

5.《宁乡县志》（湖南，1867 年），卷 25，第 8a 页。

然太高，辣椒无法以任何有影响的方式跨越。帝国晚期诗人通常以唐宋时期的诗歌为范本，而这些诗歌的写作远在辣椒到达中国之前。虽然陈大章《诗传名物集览》（1713 年）包括了一篇描述辣椒的文字，但他的作品中没有辣椒，他的文字也没有激发一些诗人在后来的诗歌中抒发对辣椒的情怀。[1] 我只找到了一首帝国晚期写辣椒的诗。同样，最为流行的清代绘画指导手册《芥子园画传》（最早出版于 1679 年，1701 年又有扩充）也不包括辣椒。辣椒本应有可能出现在画传 1701 年新增的“植物”部分。李渔（1611—1680 年）是这一手册的出版人，是受女婿之托。李渔是著名的剧作家，著有《肉蒲团》等艳情作品。他为《芥子园画传》写了序言。他也写了部分食谱于《闲情偶记》一书，出版于 1670 年。虽然他的文学前辈汤显祖在戏剧《牡丹亭》中运用了辣椒的色情意象（本章后文讨论），但这种辣的果实并没有使李渔痴迷，激发他的想象。就像绘画手册没有包括辣椒一样，李渔的食谱中也不见它们的身影。我在帝国晚期绘画中没有发现辣椒。辣椒确实出现在一些木刻版画中，但在帝国晚期的画家、收藏家和鉴赏家看来，木版画不过是绘画的劣质替代品。

我为写作本书所查阅的各种植物学文献中，只找到了两三幅清代相当质朴的木版画，图 2.4 所示是其中之一，但这些图像是以识别为目

---

1. 陈大章：《诗传名物集览》（1713 年），卷 12，第 12a 页，收入《景印文渊阁四库全书》第 86 册，台北商务印书馆，1983。

的而并不强调辣椒的视觉吸引力。一幅高质量的帝国晚期的辣椒木版画，即使没有着色，也能够突出辣椒的审美价值，既见于图像本身，也透过印有辣椒的那本书的主题（见图 5.1）。晚明画家黄凤池（活跃于1621—1627 年）专门从事出版各种主题的木刻版画书籍，包括唐诗、

图 5.1　木刻辣椒版画。黄凤池《草本花诗谱》，1621 年，第 22a 页，中国国家图书馆馆藏。使用得到了许可

树、花、竹。此外，他还出版了一本绘画手册。他在1621年出版了《草本花诗谱》，包括了45种观赏植物，其中有牡丹、鸢尾、荷花、石竹、百合、牵牛花、灯笼花、番椒。每一种植物都以木版画形式予以视觉呈现，在随后的一页，手写一段简短的描述性文字。

在对“番椒”的描述中，黄凤池几乎照抄了高濂的文字。[1]因此，他也包括了同样的话，辣椒“甚可观”。图像刻画细致入微。很显然他看到了辣椒的各生长阶段，包括开花、结果。他的这幅画比主要用于识别的简单图像在审美上更令人愉悦，不过那是因为在他的辣椒图像中有着分类学的因素，他要突出高濂对花与果的关注，就将两者都囊括在他的表达之中了。

总的来说，这幅画是典型的特写作品，这本书的其他画作也是如此。辣椒位于典型的太湖石前面，这种石头是遭到侵蚀的石灰岩，常常安放在园林之中。背景中也有竹叶。此外，一只美丽的蝴蝶在辣椒上方飞舞。石头、竹子、蝴蝶在中国艺术中有着不同的内涵，但黄凤池在此书的许多图画中都绘有石头、竹子和一种昆虫，所以我们不应该将这些与辣椒联系太多。

竹子是绘画中常见的题材，常与文人联系在一起。另外，石头和竹

1. 黄凤池：《草本花诗谱》（1621年），第22b页。黄对于高濂的文字，增加了一个字，用“俨如”取代了“俨”。

子都可以是长寿的象征。[1]蝴蝶可以是“从花萼（女性的象征）中啜饮花蜜的情人的象征”，[2]因此，辣椒和性之间有着间接的联系。当然，在他的作品中，辣椒并不是唯一与蝴蝶同时出现在画面中的植物。

二十世纪之前唯一关于辣椒的诗是写辣椒酱的，由吴省钦（1729—1803年）所作，其中的一句我用作第二章开头的题辞。吴省钦生于江苏，在四川、湖北、浙江等地为官。[3]很可能他是在四川或湖北喜欢上了辣椒，因为他的家乡江苏和邻近的浙江以口味清淡而闻名。

辣茄酱

柔尖悬马乳，

红影绽初秋。

辣爱连皮捣，

匀宜着面溲。

尝新谁欲问？

辟瘴尔何忧。

---

1. 见 Wolfram Eberhard, *A Dictionary of Chinese Symbols* (London:Routledge, 1983), 277; C.A.S. Williams, *Outlines of Chinese Symbolism and Art Motives* (New York: Dover, [1941] 1976), 33。

2. Eberhard, *Dictionary of Chinese Symbols*, 52; Williams, *Outlines of Chinese Symbolism*, 51–52.

3. 张撝之等主编：《中国历代人名大辞典》，上册，上海古籍出版社，1999，第1065页。

蒟酱夸西蜀，

辛芳得似不。[1]

辣椒看起来像马的乳头，这一形象可能不会唤起许多读者的美感，但随后辣椒被认为是“红影”或许能激发更多的阅读美感。其他元素读起来更像百科全书条目：提供了辣椒酱的配方，指出了它作为预防疟疾的药用价值，并强调它的季节性。他在诗的结尾强调了对辣椒酱作为调味品的强烈偏好。虽然之前的唐宋诗歌并没有开创吟颂辣椒的先例，但明末或清初的诗人是有可能创作出辣椒的艺术作品，进而激发后续诗作的。不幸的是，吴省钦这种学究式的尝试肯定会落空，且不能成为后世的榜样。

虽然这两部独特的帝国晚期作品值得考察，但非常需要强调的一点是，它们只是例外。传统绘画和诗歌领域壁垒森严，对辣椒这一闯入者来说，以上的突袭只是一闪即逝，终究不能立足。然而，在当代使用受欢迎的辣椒的意象已司空见惯：从流行歌曲到宣传海报，到朝圣地点的纪念品，再到新年的装饰物。下面所讨论的湖南歌曲，证明了在二十世纪中叶，这种受欢迎的意象开始有了上升趋势。我在下一章分析近来以及更广泛传播的有关地域身份的歌曲。

---

1. 吴省钦：《辣茄酱》，《白华前稿》（1783 年），卷 38，第 9b 页。蒟酱与胡椒有亲缘关系，它在南亚和东南亚比在四川和云南常见得多。最常见的用途是用蒟酱叶裹槟榔，嚼起来有刺激作用。

在官方称为“中国梦”的持续性活动中，张贴有众多海报，有一些画有辣椒。这场活动尤其与习近平主席有关，他在2013年鼓励“广大青年要勇敢肩负起时代赋予的重任，志存高远，脚踏实地，努力在实现中华民族伟大复兴的中国梦的生动实践中放飞青春梦想”。[1] 图5.2中的辣椒挂在房门上。海报的文字在图的左边（未显示），包括这样的文字——“勤善为本 吉福满门”。除了服务于这场全国“中国梦”活动外，2017年这

图5.2　2017年云南昆明墙上的“中国梦”宣传海报（细部）

1. “Youth Urged to Contribute to Realization of ‘Chinese Dream,’” Xinhua, May 5, 2013, http://www.chinadaily.com.cn/china/2013-05/04/content_16476313.htm.

种海报在昆明也要实现第二个目的——推进“文明昆明”建设，为这座省会城市赢得全国“文明城市”称号。整个活动展望未来，强调变化，而海报的风格却颇为传统。这种古旧风格似乎是如下思想的背书：玉米和辣椒，这两种美洲作物，已经完全是中国的了。海报中的辣椒，在这两场运动的背景下，就是与富足、繁荣、好运、文明或文化相联系的。

2014 年的陕西省省会西安，在地铁和人行隧道里张贴有系列海报“陕西八大怪”。第三怪“辣子是主菜”，描绘的是一名妇女正在做一道辣椒的菜，两边是两大串红辣椒（见图 5.3）。开列各地域或省的各种“怪”是相当普遍的做法，这是勾画地方文化身份的“玩笑”方式。例如，在许多旅游景点和机场可以买到成盒的地方小吃，上面列有这个省的“怪”。一盒陕西美食列出了十怪。这些“怪”没有编号，但单子上第一个就是“辣子是主菜”。小吃的外包装，如同西安海报一样，每一怪都有小小的配图。“辣子是主菜”的那个与图 5.3 非常像。[1]

西安海报配图文字包括如下的竞争性声明：“虽说湘川能吃辣，老陕吃辣让人怕！”这是在辣椒已成为地域身份组成部分的地方，辣椒的形象和说法无处不在的事例，地域身份这一主题将在下一章详细讨论。这一主张的竞争性一面，让人想到的意涵：热烈、坚毅、决心，与下一节

1. 2017 年有人送我一份“陕西十大怪”礼盒。写着“云南十八怪”的类似礼品盒在 2017 年云南各地的旅游点都能买到。

中所讨论的主题类似。

1995年我在泰山实地考察，注意到很多进香者购买很小的玻璃做成的红辣椒作为纪念品（见图5.4）。关于这种纪念品的意义，没人给出令

图5.3　西安政府海报："第三怪　辣子是主菜"

我完全满意的解释。不过前往中国最神圣的地方之一的进香者，购买这些仿制辣椒是再自然不过的事，它们这么受欢迎，就说明辣椒完全是中国的东西。有几个具体原因，可以解释这些辣椒纪念品在当时如此受欢迎：第一，它们不贵，一个只卖一块钱。第二，红光闪亮代表着好运气。第三，它们可以属于个人。照片中这个男子，是卖家，正在用笔在辣椒

图 5.4　1995 年山东泰山的玻璃辣椒纪念品

上写买家的名字、日期以及“泰山纪念”字样。一个可能的象征性解释是，泰山最受欢迎的泰山娘娘——碧霞元君，是掌生育的女神。许多进香者爬泰山是为了在山顶附近的碧霞元君庙祈求生儿子或孙子。玻璃辣椒看起来像个未受割礼的男性生殖器，可以作为祈求生子的象征性祈祷物。问题是，虽说辣椒与男性生殖器间有着明确的形象联系，这在韩国也很常见，但我没有发现当代中国明确提到这种情况。[1]

---

1. 我只找到一种帝国晚期文献（秦武域：《闻见瓣香录》，壬，第 21a 页），将一特别的辣椒品种描述为“状如阳具”。

辣椒的审美价值在二十一世纪初达到了新的高度，布或玻璃的串儿辣椒作为新年装饰物很受欢迎。这些装饰性的辣椒串儿意味着“红红火火”，指的是辣椒的颜色和辣味（见图 5.5）。辣椒串儿的象征意义可以

图 5.5　餐馆里的装饰性辣椒串儿，云南昆明，2017 年。薄莎莉拍摄。使用得到了许可

解释为“繁荣富裕生活”的愿望或祈祷物。[1] 还有，真正的辣椒串儿和这些人工辣椒串儿都很像鞭炮。[2] 传统上鞭炮是在新年燃放，以驱除恶神和坏运气。辣椒的火辣是鞭炮爆炸声的一种美妙回响。辣椒给一座重要的圣山和一年中最重要的节日留下了它们的印记。辣椒的视觉冲击，从它引进之初就被人注意，但更多的是作为外来物种。与之形成对比的是，在当前的文化中，辣椒服务于人，且突然涌现出大量、有着奇思妙想的吉祥装饰品。

一往情深

对几种不同文学体裁的性别化解读，揭示了辣椒意象是如何进一步促成辣椒融入中国文化实践并变成中国的东西，以及创造了新的性别形象的。辣椒的性别化用途揭示了共有的性别隐喻以及文化建构的社会角色中固有的模糊性和不一致性。最早描写辣椒的文学作品，在中国辣椒的书面记载历史中是很早的，出现在汤显祖的经典戏剧《牡丹亭》中，

1. “红红火火”，百度百科，https://baike.baidu.com/item/%E7%BA%A2%E7%BA%A2%E7%81%AB%E7%81%AB/5684388，2018 年 7 月 28 日访问。

2. 邓扶霞（Fuschia Dunlop）也觉得成串儿的辣椒与鞭炮看起来很像，见她的著作 *Land of Plenty: A Treasury of Authentic Sichuan Cooking* (New York: Norton, 2001), 15。

这一作品完成于1598年。他的四部最负盛名的戏剧（包括《牡丹亭》在内）统称“四梦”。《牡丹亭》中有几出戏今天依然极受欢迎。1550年汤显祖生于江西，1583年在北京中进士，开始是派到南京做官。1591年他上书皇帝，批评高官腐败。这激怒了万历皇帝，将他贬到广东偏远之地为官。1598年汤显祖休致回家，全身心从事写作，直至1616年去世。[1]他曾多地为官，很难确定是在何处遇到或听说过辣椒。

《牡丹亭》关注的是浪漫、深情、性压抑、死亡、重生。女主人公杜丽娘 [学者白之（Cyril Birch）译为 Bridal Du] 是不朽的人物，在读者和后来的文学作品如《红楼梦》中，经常被当作深情女子的典范。在此剧的序言中，汤显祖对于她的深情，语义深长，推崇备至：

> 天下女子有情，宁有如杜丽娘者乎！梦其人即病，病即弥连，至手画形容，传于世而后死。死三年矣，复能溟莫中求得其所梦者而生。如丽娘者，乃可谓之有情人耳。[2]

白之将此段中的“情”译为 love（爱）。汉语中的“情”，可以译作英语的 passion（深情）、emotion（感情），或是 feeling（感觉）。这种

---

1. Cyril Birch, “Preface to the Second Edition,” in *Peony Pavilion*, trans.Cyril Birch, 2nd ed. (Bloomington: Indiana University Press, 2002), ix.

2. 汤显祖：《牡丹亭记题词》，见 Birch 英译本（第二版，第 ix 页）。

情绪常常与“理”这个字——理性、道理或逻辑——形成对比。在中国文学中，“情”常常与女性而“理”常常与男性联系在一起。

花卉意象是整个作品不可或缺的部分，从标题到杜丽娘在盛开的杏树下做梦，到带有梅花的自画像，到供奉她神位的庵观的名字，再到与我们的研究目的相关的几出戏——有一出是一系列花名配上巧妙的描述。在第二十三出，杜丽娘的魂魄在地府接受审判。她对自己死亡的说法，招致了判官命她曾经在其间做梦的花园的花神前来：

> （净）判官：花神，这女鬼说是后花园一梦，为花飞惊闪而亡。可是？
>
> （末）花神：是也。他与秀才梦的绵缠，偶尔落花惊醒。这女子慕色而亡。[1]

不久，汤显祖让花神一一报出 38 种花名，每次判官都有回应。判官的回答反映出每种花的某些性质，或提供与花有关的文献，或花名的双关意思，也“给出了一些色情暗示”。[2] 花的意象在整个作品中都非常重要，这一出戏中花神提到的所有植物名字都以花为名。然而，其中的一

1. 汤显祖：《牡丹亭》，第 112 页。
2. Birch, *Peony Pavilion*, 130.

些，判官的台词实际上暗指这一植物的其他部分。例如，“杨柳花”这个名字，前面冠以“腰恁摆”的词儿。[1]这是常用的比喻，描述女子小脚走路的样子，借用的是垂柳细枝的弯曲而柔美的摆动。

同样地，尽管辣椒被认为是“辣椒花”，判官的回答如是，但汤显祖可能实际上是指果实，而不是花：“把阴热窄”。[2]原文中，汤显祖使用的是“热”。这或是指辣椒果的辣味或是中药中它的温性。尽管“辣”对于描述辣椒味道来说是合理选择，但汤显祖已经在花名中用了“辣”字，那他就不太可能在答语中重复使用这个字。虽然汤显祖在这出戏三次问答中确实重复使用花名中的一个字，但三次情况所重复的字都是用在答语的尾韵。在这段唱词中所有的尾韵是“ai”，所以辣（la）不是作为押韵字使用的。可以说，在答语中没有重复“辣”，既不能否定也不能支持下面的说法：汤显祖到底更熟悉作为调味品的辣椒还是作为药物的辣椒。无论汤显祖看重的是辣椒的食用价值还是药用价值，重要的是，这是辣椒第一次出现在中国文学作品中，用于描述一个女人对她的爱人的性暗示。在“把阴热窄”这句话中，白之将“阴”字翻译成“her”（她

---

1. 汤显祖：《牡丹亭》，第 113 页；Birch, *Peony Pavilion*, 131。

2. 汤显祖：《牡丹亭》，第 113 页；Birch, *Peony Pavilion*, 131。Birch 将此花名含混地译作“pepper flower”。然而，我在明清以来的文献中所找到的所有“辣椒”都指的是“the chile”，因此这里的“辣椒花”应该译作“spicy pepper flower”或“chile flower”。

的），但对于读者或是听者，这个字可以意含“身体的欲望”。[1]辣椒与杜丽娘的深情间的联系，标志着将辣椒与女性情色联系起来的性别比喻的开端。

这种用辣椒作为女性深情的象征，在曹雪芹（约1715—1763年）所著的十八世纪经典小说《红楼梦》(也称《石头记》)中继续存在。曹雪芹甚至将“梦”字放进书名，让人想起汤显祖《牡丹亭》中的做梦意象。《红楼梦》的文学分析本身就是一个研究领域（红学）。本书是关于辣椒的，不能深入分析这部作品。我只分析小说的一些方面，展示辣椒是如何融入文学和性别文化的。这是一部异常丰富、包含大量性别角色评论的章回体作品，书中很多人物（包括男性，尤其是女性）都在某种程度上反抗性别规范。小说当然批判了清代的一些社会习俗，但最终还是维护着许多性别期待。[2]小说中的许多年轻女性，生活在上层精英贾家大庭院内的一个花园里，从事诗歌比赛，赞美花园里的花花草草，甚至阅读《牡丹亭》等浪漫文学作品。花园里的女性，无论是精英家庭成员还是仆人，基本上都与男性世界隔绝。一个年轻男子贾宝玉，也住在花园。宝玉很多时间都与女性在一起，书中经常使用通常专写女性的方式

---

1. 将“阴”理解为“身体的欲望”，见 Louise Edwards, “Women in *Honglou meng*: Prescriptions of Purity in the Femininity of Qing Dynasty China,” *Modern China* 16, no. 4 (1990): 415。

2. 小说后面的部分常常被认为是由高鹗修订甚或是写作的，高鹗是首次将书刊行的编者和出版者。如此一来，曹雪芹可能并没有打算写小说后三分之一的一些因果报应。

描述他，因此他经常跨越性别界限。同样，在花园之外家居的几个女性，扮演着更典型的男性角色。

这一家实际上的领袖是女族长祖母贾氏，王熙凤是孙媳妇之一，她被贾母选中，掌管整个大家庭，尤其是在钱财方面。王熙凤从小被如男孩般抚养，后长成女族长所描述的“我们这里有名的一个泼皮破落户儿”[1]。这是一个典型的男性角色。她的名字“熙凤”，很男性化，意思是“光彩夺目的雄性凤凰”。前文已指出，辣椒没有出现在这部小说中的任何食谱中，花园里的装饰植物中也没有提过。不过，小说中两处借用辣椒的辣来描写王熙凤的性格特征。她被给予“凤辣子”的绰号。[2]辣子字面上翻译为“spiciness”（辣），放在“凤辣子”中，意思是“辣”凤，甚至可以译为“fierce”（厉害）。而在曹雪芹完成他的著作之时，“辣子”至少被四个省用作辣椒的主要或次要名字。[3]《辞海》中“辣子”的第一个释义是“辣椒的俗称”；第二个释义先是“亦做剌子（发音与“辣子”一样）”，意思是心狠，接下来回到“辣子”，表示“厉害、泼辣的人”，所举例子就是《红楼梦》中王熙凤的绰号。[4]《汉语大词典》中“辣子”

1. 曹雪芹：《红楼梦》（1760年），中华书局，1985，第27页。
2. 曹雪芹：《红楼梦》（1760年），第27、844页。
3.《云南通志》（1736年），卷27，第3a页；《平远州志》（贵州，1756年），卷14，第24b页；《长阳县志》（湖北，1754年），卷6，第20b页；《宜川县志》（陕西，1754年），卷3，第20b页。
4.《辞海》（缩印本），上海辞书出版社，1999，第2387—2388页。

的条目与《辞海》的非常相近，也有第二释义中小说的例子，但没有提到同作“心狠”意思的“剌子”。[1]曹雪芹在小说中选择使用“辣子”，是帮助读者将王熙凤与辣椒联系起来。即使曹雪芹设想这个绰号只是让人想到“厉害”形象，而没有考虑到辣椒，但后来的读者，自然会将这个绰号与这个人物以及辣椒联系在一起。当代读者将王熙凤的性格与辣椒联系起来的精彩例子，可以在中国著名画家、漫画家叶浅予（1907—1995年）所画的一幅人物“肖像”中看得到。[2]在画作的右上角手写的大字是人物的名字——王熙凤。叶浅予所画的“肖像”在画幅的左边，将熙凤表现为一个新鲜的朝上长的红辣椒。这种对于王熙凤的表达，很像男性生殖器，强调了她性格中的性别交叉的特点。顺便说一下，它看起来也很像一支毛笔！在阅读小说时，辣椒的强烈味道用以浓缩形容王熙凤泼辣、厉害的非典型女性性格。尽管绰号中有批判的元素，但王熙凤因为性格泼辣被选中，以帮助贾家管理财务也理所当然。

王熙凤也就是凤辣子，可以解读为之后被标记为辣妹子的特定类型女性的原型。适用此种比喻的女性被认为泼辣、性感、自信、甘愿违抗一些女性性别规范。她们很受人仰慕和追捧，但在早期因为不守妇道而遭唾弃。研究中国文学的学者李木兰（Louise Edwards）描述王熙凤：

1.《汉语大词典》，第 11 卷，第 492 页。

2. 遗憾的是，我没有被获准复制叶浅予的画作。

活泼、幽默、漂亮、迷人，但在她身上也有着无比的狡黠、残忍、凶恶、嫉妒。她在小说中至关重要，因为她尽管很年轻，却掌管着家庭收支的方方面面，无情而高效。她性格的多样性，是从她身为儿媳的相对客观地位低下与她在贾家事务上拥有说一不二的权力间的矛盾演变而来。因此，她擅长管理，既受赞扬又遭怀疑，如同她大权在握引人尊重和蔑视一样。[1]

尽管小说中有跨越着形形色色性别角色的复杂人物，但最终这个故事还是维护父权制，将相当公认的道德因果报应用在了违抗者身上，包括王熙凤。李木兰认为：

血作为女性气质的双重象征——既强调女性的虚弱，也强调女性的权力。月经不调所带来的疾病，每每反映出女性作为“病态性别”的本质，而血也是年轻女性生育能力的象征。经血极污秽，同时又是年轻女性力量的表象，它的重要可以从医学相当关注月经的规律性看得出来。

在《红楼梦》中提过几次王熙凤的健康状况，她流过产，之后

1. Louise Edwards, “Representations of Women and Social Power in Eighteenth Century China: The Case of Wang Xifeng,” *Late Imperial China* 14, no. 1 (1993): 35.

又慢性出血不止……这象征着她与权力的不和谐以及她的阴阳失调。她的这种身体状况，是她挑战保守的儒家性别规范的结果。[1]

尽管几乎可以肯定王熙凤不会吃大量的辣椒（更可能根本就不吃），但小说的读者会将辣椒强烈的辣味与表示强势、年轻、热情的王熙凤的绰号联想在一起。反过来，凤辣子超越了性别规范的性格、权势、能力，又反衬出辣椒可以作为对"辣妹子"的比喻。这一辣妹子的主题持续至今，这将在第六章中考察。

尽管与泼辣女人间的联系是与辣椒有关的最常见的性别比喻，但也有一些将辣椒与高度男性化尤其是与革命联系起来的事例。众所周知的一句话"不吃辣椒不革命"，是毛泽东所说。这话来源于毛泽东与美国记者埃德加·斯诺（Edgar Snow）1936 年时在共产党陕西根据地的一次谈话。美国医生乔治·海德姆（George Hatem），人们更为熟悉他的中文名字马海德 *，也在这次特别谈话的现场。毛泽东对于辣椒的评论，斯诺做了记录，也出现在马海德的传记中。在《红星照耀中国》一书中，斯诺有着详细的记述：

---

1. Edwards, "Representations," 39, 40.

* 马海德于 1950 年入了中国籍。——译者

> 有一次吃晚饭的时候，我听到他发挥爱吃辣椒的人都是革命者的理论。他首先举出他的本省湖南，就是因产生革命家出名的。他又列举了西班牙、墨西哥、俄国和法国来证明他的说法，可是后来有人提出意大利人也是以爱吃红辣椒和大蒜出名的例子来反驳他，他又只得笑着认输了。[1]

很显然，毛泽东对其他文化的饮食并不是特别了解，因为法国和俄国的食物中并不全是辣椒。显而易见，他只是选择了已经发生革命或内战的国家。因此，对于毛泽东来说，那些经常吃辛辣的辣椒的人可以成为勇猛的革命战士。真正关于辣椒和革命的话出现在马海德的传记中："没有辣椒，他说，他吃不下饭；不吃辣椒，他就不会闹革命。'对我来说，'他打趣道，'不吃辣椒不革命。'"[2] 尽管这段话表明，毛泽东使用这一经常被引用的话是针对自己说的，但在今天的中国这句话被广泛用于描述毛泽东对来自湖南，甚至整个中国革命者的看法。[3] 尽管革命者的性

---

1. Edgar Snow, *Red Star Over China* (New York: Modern Library, 1938), 75.（译文采的是董乐山译本《西行漫记：原名红星照耀中国》，生活·读书·新知三联书店，1979，第 66 页。——译者）

2. Edgar Porter, *The People's Doctor: George Hatem and China's Revolution* (Honolulu: University of Hawai'i Press, 1997), 76.

3. 例子见文二毛：《毛泽东的饮食观：不吃辣椒不革命》，人民网，2010 年 11 月 21 日（《人民日报》发表），http://history.people.com.cn/GB/198593/13272886.html。

别没有具体说明，但革命时期共产党领导下的战士绝大多数是男性。对于男人来说，能吃大量辣椒反衬出他们的作战能力，反之亦然。此外，中国共产党和大多数共产党组织一样，使用红色来代表它的事业，这是公开的事实。

有一些材料提到，在会谈过程中，毛泽东给斯诺唱了一首关于辣椒的歌。斯诺记录了这首将辣椒和革命联系起来的歌的大意："附带说一句，'赤匪'中间流行的一首最有趣的歌曲叫《红辣椒》。它唱的是辣椒对自己活着供人吃食没有意义感到不满，它嘲笑白菜、菠菜、青豆的浑浑噩噩，没有骨气的生活，终于领导了一场蔬菜的起义。这首《红辣椒》是毛主席最爱唱的歌。"[1] 这首歌中的红辣椒代表了中国共产党（甚至是喜爱辣椒的毛泽东本人），唤醒中国人民对他们所受压迫的觉悟，然后带领他们获得新生，生活在革命之后的世界。

二十世纪三四十年代的许多抗日和革命歌曲借用了以前民谣的曲调甚至一些歌词。这方面最好的例子是著名歌曲《东方红》的曲调，它开始是首流行的民歌，后来演变成一首抗日歌曲，再后来成为歌颂毛泽东

---

1. Snow, Red Star Over China, 75–76. 虽多方搜索，我还是未能找出这首歌最初的中文歌词。（译文采用的是董乐山译本《西行漫记：原名红星照耀中国》，生活·读书·新知三联书店，1979，第 66 页。——译者）

的作品。[1]同样的变化可以从湖南的一首含有辣椒的歌曲看到。最初的歌词是诙谐地描写渴望爱情，也许是一首男性对婚姻批判的歌：

要吃辣椒不怕辣，

要恋情姐不怕傻，

刀子架在脖颈上，

眉毛不跳眼不眨。[2]

能吃辣椒可以看作唱歌之人是为长久的婚姻做准备。此外，此人以坚忍的决心面对这些威胁。然而，这首歌，像以前的《东方红》一样，演变成了一首革命歌曲，1949 年之后在湖南被改写为：

要吃辣子不怕辣，

要当红军不怕杀。

刀子按在颈项上，

脑壳掉了也尽它。[3]

---

1. 见下面纪录片的存档网站：Morning Sun: "The East Is Red: Transformation of a Love Song," https://web.archive.org/web/20190830210213/http://www.morningsun.org/east/song.swf。

2. 文二毛：《毛泽东的饮食观：不吃辣椒不革命》。

3. 萧三编：《革命民歌集》，第 158 页。

图 5.6　旅馆门口挂着的成串儿装饰性辣椒，云南丽江，2017 年

在这个修订版本中，辣椒再次与打仗、与革命联系在一起。红军为新的社会主义社会目标而战。辣与大无畏精神有了联系。虽然修订版没有具体说明性别，但又一次强烈地暗示是男性，因为原版的歌唱者是男性，更重要的是因为战斗和杀戮基本上被视为男性活动。

一个进口物种的广泛采用和本土化的标志，是它在接收地文化之中有着象征性用途。辣椒已经在中国文化的一些领域广泛传播，比如审美、象征性装饰、性别比喻、革命象征。虽然辣椒最初的食用和药用可能始于社会下层并向上发展，但早期有记载的对于辣椒的美学欣赏，可能始于精英的花园。然而，在二十一世纪，作为装饰和祈求"繁荣富裕"的有着象征意义的辣椒广泛见之于各阶层（见图 5.6）。尽管辣椒并没有广泛进入传统精英文化的诗画体裁，但它们不断演进的象征意义在不断变化的中国文化中的性别隐喻以及弘扬革命精神等领域起着关键作用。毛泽东将辣椒与革命成功联系在一起的话以及"辣妹子"的比喻，证实辣椒已完全融入了文化。这些独特的隐喻反映出辣椒已与中国文化融为了一体。

第六章

辣椒与地域身份

辣椒演变成了湖南人的一种精神和湖湘文化的一种图腾。

——杨旭明，湖南饮食文化研究学者*

中国有着历史悠久而丰富的地域菜系。这些多样性是由一些因素造成的，包括历史、当地文化的影响、地域物产、气候、地理。在许多社会，地域身份通常包括一些烹饪内容。中国当然也是如此，在烹饪上地域的不同，至少可以追溯到四世纪，一种地理书描述四川人“尚滋味”“好辛香”。[1]

十二世纪初期北宋都城有专门经营当地北方菜以及南方菜、四川菜

* 杨旭明：《湖南辣椒文化的内涵及其整合开发策略》，《衡阳师范学院学报》2013年第5期，第172页。

1. 常璩：《华阳国志》（约316年），卷3，第1b页，收入《景印文渊阁四库全书》第463册，台北商务印书馆，1983。

的餐馆。[1]中国内地不同地域的居民使用辣椒，与既有习俗及环境的复杂组合相契合。在台湾，辣椒也占据了与姜相同的位置；在中国内地的中部地区，辣椒更常见的则是替代黑胡椒；而在西南的一些地方更为典型的是辣椒替代食盐。这再一次表明，辣椒在特定地域会有着更常见的替代作用，当然在这些地方，辣椒肯定还有一些其他的用途。这种替代的记录可以追溯到十七世纪晚期，尽管辣椒作为特定地区菜系的独特组成部分的书面记载直到十九世纪中叶才出现。李化楠的《醒园录》（1750年）包含了一些川菜食谱，但其中没有辣椒。然而，在1848年的植物学论著中，吴其濬观察到一些区域辣椒的使用有别于其他地方："辣椒处处有之。江西、湖南、黔、蜀种以为蔬。"[2]在这里，我们第一次看到了与辣椒有关的内地南方地区的具体记录。

辣椒用途的地域变化，是辣椒在中国内地广为采用的关键。这种变化的重要性反映在一些地域辣椒的名字上。仅在本地或整个地域使用的辣椒名字占到已发现总数的72%。与之形成对比的是，胡椒在帝国晚期实际上只有一个名字。尽管帝国晚期黑胡椒的使用在不同地区肯定会有不同，但辣椒的地域名称的绝对数量表明，这一外来植物有更多的地域适应。

---

1. 孟元老：《东京梦华录》（1147年），卷4，《食店》，https://ctext.org/wiki.pl?if=gb&chapter=804903&remap=gb。
2. 吴其濬：《植物名实图考》（1848年），卷6，第19b页。

这一章首先概述中国的地域菜系风格，包括对这些菜系内辣椒的一般性考察，然后分析与辣椒食用最相关的两个地域（湖南和四川），看看在它们身份形成中辣椒所起的作用。

地域菜系中的辣椒

烹饪专家将中国内地划分为不同数量、有着独特风格的地域性菜系。四个地域，用四个基本方向作为标签很常见，但也有分为五个或八个地域的。[1] 我的目的不是清晰描绘出中国所有的地域烹饪变化，正如尤金·安德森观察到的，“一个人所说的次一级地域，就是另一个人所说的整个地域，而第三个人会根本否认这个地域的烹饪有什么与众不同。”[2] 但是，在深入考察辣椒享有高知名度的这些地域之前，我将简单讨论辣椒在其他地域的使用情况。安德森、弗雷德里克·西蒙斯（Frederick Simoons）都承认，难以划定中国的地域菜系，但二人都以广

---

1. 关于地域，见 Eugene N. Anderson, *The Food of China* (New Haven,Conn.: Yale University Press, 1988), 159–86; Kenneth Lo, *Chinese Provincial Cooking* (London: Elm Tree, 1979); Frederick Simoons, *Food in China: A Cultural and Historical Inquiry* (Boca Raton, Fla.: CRC Press, 1991), 43–57; Mark Swisocki, *Culinary Nostalgia: Regional Food Culture and the Urban Experience in Shanghai* (Stanford: Stanford University Press, 2009), 9–11。

2. Anderson, *The Food of China*, 159.

泛使用的“四大菜系”为基础解决问题，同时也承认每个地域内有着变化。[1]尽管学者有时用基本方向来标注四大菜系，但实际上没有餐馆老板会用这样的标签，而是选择用一个小些的地理标签，比如四川、湖南、北京、上海或广州。此外，在特定地域，餐馆通常都打出次一级地域的特色菜广告。例如，在四川，一家餐馆可能主打成都菜或重庆菜。在这个相当基本的体系中，该地域内有一个更小地域常常会被作为整体的代表。在这四个分区内，只有西部地域被认为能吃辣。

北方菜与其他菜系有很大的区别，这主要归结于气候：它位于寒冷干燥的北方，这里种植的是小麦，不是水稻。北方菜地区通常包括直隶（河北）、河南、山东、山西、陕西。在北方，北京居于主导地位，因此“京菜”是这一地域风格的共用名。二十世纪初，徐珂把北方人描述为“嗜葱蒜”。[2]只使用四分法会有误导，一个很好的例子是辣椒在一些陕西烹饪中很盛行，而陕西菜属于北方菜。

东部地域以味淡的江南精英菜肴为主导，这是乾隆皇帝喜爱的。这一主要的沿海地区通常包括江苏、安徽、浙江、福建等。这里海鲜、醋、糖、米饭都很重要。徐珂观察到“苏人嗜糖”。[3]当然肯定有例外：前几

1. Anderson, *The Food of China*, 160; Simoons, Food in China, 45.
2. 徐珂：《清稗类钞》（1916 年），第 13 册，中华书局，1984—1986，第 6238 页。
3. 徐珂：《清稗类钞》，第 6239 页。

章讨论过的吴省钦，这位辣椒酱诗的作者，就是江苏人，但他显然是辣椒的狂热消费者（当然他可能是在别的地方培养了对辣椒的兴趣）。

南方菜通常包括广东菜和广西菜。它又称广州菜，强调的是来自广东省会广州的菜肴。海鲜至为重要。广州菜的特色是种类繁多，原料新鲜，但缺乏香料。徐珂将广东人描述为“嗜淡食”。[1] 当然，基本方向分类也有缺陷，因为直到二十世纪广西基本上属于内陆，海鲜没有广东那么盛行，且辣椒在广西菜中很常见。

这三种地域菜系——北方菜、南方菜和东部菜——人们的固有印象都是不辣，特别是东方和南方，尤其是在代表这些地域的核心地区。那些很能吃辣的人，有时会嘲笑说广东话的人一点儿辣椒都不能吃。在汉语中，他们被描述（通常是带有优越感）为“怕辣”。这个词中的“辣”，讲的就是辣椒。然而，辣椒在这些菜系中现在依然很重要，即便不是地域性的身份标签。例如现在，各种新鲜辣椒全年都能在北京市场上买到。所谓的白辣椒（white chile），现在很流行，是“杭椒”（杭州辣椒）的一种淡黄色品种，不太辣。杭州位于江南也就是东方菜地域的中心。海鲜酱，在广东菜中很流行，通常含有一点儿辣椒。这三个地域与西部菜系的不同，就辣椒而言，不是不用，而是它不是重点，辣度也低很多。北方、东部和南方菜都用辣椒，但通常这些地域的厨师，使用的

1. 徐珂：《清稗类钞》，第 6238—6239 页。

辣椒很少，即便用也经常选择不太辣的品种，比如白辣椒。

目前，辣椒在中国内地传统上不吃辣椒的地方的烹饪中越来越流行，虽达不到湖南或四川的水平，但肯定比过去甚至是二十年前要辣许多。一些来自传统上不吃辣地区的中国朋友和熟人对我说，他们比父母辈更能吃辣，也更喜欢辣椒。这是由多种因素造成的，包括人们为了工作而流动增多，国内旅游快速发展，越来越多的餐馆专门经营包括了辣椒的地域美食（如火锅店），很容易得到的地域性的酱（如辣椒酱），以及拥有使人一年四季都可以吃到新鲜辣椒的温室。地域的差别，尤其是人们对于它们的看法仍然存在。尽管中国内地各地方的人正消费着更多的辣椒，但辣椒还没有成为内陆吃辣核心区以外的人的身份食物。

虽然这一章的重点是考察和分析辣椒已成为一种身份食物的地域，但还是值得简单推测下典型的不吃辣的地域何以没有发展出对这些味道十足的果实的强烈偏好。北方湿度小，并且受到不使用浓烈调味品的蒙古族和满族饮食的影响。东部或曰江南地区，南方或曰广东地区，如同食用辣椒的西部地区一样，是相当潮湿的，因此东部和南方地区的人们似乎也应受益于辣椒的祛湿能力。这里，我们有一个事例可以说明在某些情况下，环境是重要的促成因素，但并不是统一的决定因素。沿海的潮湿不同于内地。此外，东部和南方靠海，很容易得到食盐。明末，食盐价格上涨时，就有了寻找替代品的可能，沿海地区可能没有经历过盐价的陡然上涨，因此，采用新抵达的辣椒作为替代品的压力就很小。此外，长期以来养成的烹饪偏好，如精英主导的东部喜欢清淡，而南方喜欢食材新鲜，都成为采用辣椒的障碍。南方对新鲜食物的重视，意味着不太需要保存食物。如下所述，尤其对于四川来说，保存方法可以赋予食物浓烈的味道，从而使人们更习惯于这种口味，并有可能对新的、浓烈的味道更加开放。

西部地域通常包括四川、湖南、湖北、云南、贵州，有时加上江西。这一地域区别其他三个的一个主要特点是大量使用辣椒。徐珂断言，西部“滇、黔、湘、蜀人嗜辛辣品”[1]。一个重要的地理差异是这一地域整个都在内陆，远离海洋。在气候上，许多地区夏天热而湿，冬天凉而潮。正如我们在讨论医药的那一章所说，中国人把辣椒归为有着出色的干燥能力那一类，它们经常被视为生活在潮湿环境的人的饮食必不可少的组成部分。此外，天冷时辣椒有暖身的效果。也许有些违反直觉，辣椒也可以给身体降温，如果天气炎热，通过让人出汗，汗水蒸发，身体就会变凉。此外，这一地域长期以来使用浓烈的调味品，特别是在四川。

身份与吃辣椒联系最密切的省份都是来自西部菜系地域，再加上陕西南部。当代流行说法，诙谐地表达出了爱辣椒的省份对辣椒的热爱互

1. 徐珂：《清稗类钞》，第 6238 页。

不相让。这种说法不好译成优雅的英语。在中文里，每句的最后一个字是文字变化游戏，只变换三个字——“不”“怕”“辣”——的位置：

湖南人不怕辣。

贵州人辣不怕。

四川人怕不辣。

湖北人不辣怕。[1]

中文原文，“怕不辣”比“不怕辣”厉害，因此在这个版本里，四川人和湖北人被认为比湖南人和贵州人更需要辣。不用说，这样的说法备受争议，不同的地方有不同的版本。例如，有的对调了湖南和四川的位置，而去掉了湖北[2]，有的用江西取代了湖北[3]，还有的将陕西放在了最

1. 原文见《中国谁最不怕辣？》，《中国辣椒》2002 年第 4 期，第 23 页。（作者在此注中，开列了中文和汉语拼音。下面将正文中几句的英译开列，供感兴趣的读者参阅。——译者）

Hunan people don’t fear spicy food.

Guizhou people spicy food don’t fear.

Sichuan people fear nonspicy food.

Hubei people nonspicy food fear.

2. 可见霍克：《辣椒湖南》，《生态经济》2003 年第 8 期，第 78 页；杨旭明：《湖南辣椒文化的内涵及其整合开发策略》，第 171 页；郑褚、藏小满：《川菜是怎样变辣的？》，第 58 页。

3. “全国吃辣能力排行榜”，http://www.baike.com/wiki/ 全国吃辣能力排行榜，2015 年 3 月 22 日访问。

后[1]。在关于湖南菜的书中，邓扶霞（Fuschsia Dunlop）所记录的版本，将湖南人置于最后，作为最喜爱辣椒的人群。[2]

尽管陕西属于大多数作者所说的不辣的北方菜风格，然而该省的南部包括省会西安在内，食用辣椒十分流行。从地理上看，这一南部地区包括渭河流域及其以南。陕西记载辣椒最早的文献（1694 年）来自渭河以南。[3]从气候上看，陕西比其他大多数吃辣椒的地区要干燥得多。因此辣椒的消费可能不是由于南面的潮湿，应另有原因。有人推测辣椒使得非常受欢迎但尝起来寡淡的当地饭食如 biangbiang 面和馒头更加可口。[4]此外，辣椒也很耐旱，因此在少雨的年份，辣椒会成为维生素 A 和维生素 C 的重要来源。如图 5.4 所示，“陕西八大怪”就包括了辣椒作为一道菜的主要原料，而不仅仅是调味品。陕西南部吃辣椒在十九世纪中期已很盛行，我们可以从地方志看到：“斋民每饭必需！”[5]可以说，没有单一的因素——无论是文化的还是环境的——能够解释某一特别地域的人接纳并利用辣椒的程度。相反，文化、环境、地理因素结合在一起，影响着辣椒的使用。此外，何炳棣对于新作物采用中的一些意外发

---

1. “陕西十大怪”，https://baike.baidu.com/item/ 陕西十大怪，2019 年 9 月 26 日访问。
2. Fuschia Dunlop, *Revolutionary Chinese Cookbook: Recipes from Hunan Province* (New York: Norton, 2006), 10.
3.《山阳县志》（陕西，1694 年），卷 3，50a 页。
4. “陕西十大怪”。
5.《澄城县志》（陕西，1851 年），卷 5，第 23a 页。

现，提供了有力的事实依据。[1]

随着二十世纪八十年代改革开放的到来，商业化程度不断提高，最终出现了大规模的食品商店。这反过来扩大了地域特色食品在全国各地的供应。一些公司通过推广本地特别的辣调味品，包括佐料、调味汁、腌菜，给品牌和产品带来了重要的商机。最知名的品牌以及成功的故事之一是陶华碧的“老干妈”牌辣椒酱。陶华碧出生在贵州一个偏僻村庄的贫困家庭，她的生意从一个面摊扩大到一家餐馆，再到雇用两千多名工人的工厂，生产出了极受欢迎、全国知名的品牌辣椒酱。一篇发表在中华全国妇女联合会所主办的杂志上的文章称她为“辣酱女皇”。[2]通过她的推广，一种地域性的辣椒产品获得了全国性的声望。辣椒酱是一种调味品，广泛用于各种口味，个人可以随心所欲添加。

在一篇关于中国辛辣味道分布的文章中，蓝勇对一套共十二册的菜谱做了分析，这套书出版于二十世纪七八十年代，十二个地方每个地方一册。根据对这一系列菜谱的分析，蓝勇认为使用辣椒最多的地方包括了上面提到的七个省：四川、湖南、湖北、云南、贵州、江西、陕西（蓝勇也限定陕西南部）。此外，他还把安徽南部山区、甘肃南部山区纳入

---

1. Ho Ping-ti, “The Introduction of American Food Plants Into China,” *American Anthropologist* 57, no. 2 (1955): 195.

2. “Chili Sauce Empress,” Women of China, January 13, 2011, http://www.womenofchina.com.cn/html/people/1163-1.htm.

这一吃辣区域。在蓝勇的分析中，四川菜是这十二者中最辣的，远远超出了其他。湖南菜位居第二，与第一有着不小的距差，但比第三位的湖北菜（这套烹饪菜谱中，云南和贵州不是作为单独菜系）高出许多。[1]尽管蓝勇的分析对于区分辣度、排定顺序有用，但他的测量系统别具一格。此书中的菜谱，对于平均消费可能不是完美的匹配。然而，他所认定的辣椒消费最多的四川和湖南，确实是地域身份与辣椒联系最为密切的两个省。尽管辣椒也是中国其他地方的身份食物，比如陕西南部、贵州、湖北等地，而且我在中国所吃过最辣的菜是贵州的，但当说到辣椒消费时，我还是将四川和湖南作为标志性的例子，主要是因为说到辣椒消费，人们的标签往往都贴在这两地。

在书面上将吃辣椒与地域身份明确联系起来，是二十世纪的事情。辣椒并不是起源于中国，它们发展为地域菜肴的正宗组成部分，正如法比奥·帕拉塞科利所主张的，是文化建构。[2]此外，台湾历史学者逯耀东主张，只有当需要与其他的地方菜区别开来时，才会发展出正宗的地方

---

1. 蓝勇：《中国饮食辛辣口味的地理分布及其成因研究》，《人文地理》2001 年第 5 期，第 84—88 页。蓝勇利用的是《中国菜谱》，共 12 册，中国财政经济出版社，1975—1982。这一系列中 12 个地方菜是：安徽、北京、福建、广东、湖北、湖南、江苏、陕西、山东、上海、四川、浙江。

2. Fabio Parasecoli, "Food and Popular Culture," in *Food in Time and Place*, edited by Paul Freedman, Joyce Chaplin, and Ken Albala (Berkeley: University of California Press, 2014), 332.

菜。[1]辣椒成了建构起来的正宗湖南菜和四川菜等地域菜的标签，也正当现代中国的民族国家身份与认同出现之时。就湖南和四川的辣椒消费而言，这一建构的正宗其实也不过是近百年的事情。

湖 南

湖南引进辣椒比较早，大概是在十六世纪六七十年代。[2]辣椒很可能是从沿海的广东进入湖南，因为广东的最早史料要早于湖南，而湖南其他所有邻省的最早史料都比湖南要晚（见地图1.2）。此外，湖南有两处最早的文献都将辣椒称为“海椒”。[3]虽然这个名字可能认识到了辣椒的海外起源，但使用它的地方志全都来自内地，所以这个名字更可能强调辣椒是从沿海引入的。就湖南来说，就是经广东传入（见地图2.2）。[4]

虽然湖南人确实超级喜欢辣椒，但许多人也强调：“他们相邻的四川人和贵州人对辣椒的使用到了过分的程度，而他们自己使用这种香料

1. 逯耀东：《肚大能容：中国饮食文化散记》，台北东大图书公司，2001，第48页。

2. 引进可能是在第一次书面记载之前的几十年：《邵阳县志》（湖南，1684年），卷6，第11b页。

3.《邵阳县志》（湖南，1684年），卷6，第11b页；《宝庆府志》（湖南，1685年），卷13，第29a页。

4. 使用“海椒”的地方志，来自贵州、湖北、湖南、陕西、山西、四川、云南。见地图2.2。

则优雅而巧妙。”[1]这个评价支持了蓝勇的发现，即四川人吃得比湖南人辣。湖南人吃菜也有很多不含辣椒，但还没有听说过午饭或晚饭所有的菜都不含辣椒的。尽管大多数湖南人认为四川人吃的辣椒比他们多，但辣椒消费仍然是湖南地域身份的重要标签。的确，研究湖南饮食烹饪的学者杨旭明认为：“辣椒演变成了湖南人的一种精神和湖湘文化的一种图腾。”[2]另一位学者刘国初，将辣椒描述为“湘菜之魂”[3]。邓扶霞在她关于湖南菜的书中，将辣椒称为“湖南菜的象征”。她还分享了一则逸事，“当地人甚至开玩笑说，长沙（省会）火车站苏维埃风格的炽热红色火炬雕像，事实上是代表辣椒。”[4]

生活在现在被称为湖南地区的人们，有着在烹饪中使用浓烈调味品的悠久历史。经典诗歌总集《楚辞》中提到了几种浓烈的调味品，包括艾、蓼、椒。[5]《楚辞》中所收的诗歌时间是公元前三世纪至公元二世纪。楚国幅员广阔，涵盖了今天湖南、湖北、江西的大部分地区。这一地域的古代居民可能发现了这些植物中的成分有助于在潮湿的气候条件下保存食物。因此，辣椒来到湖南，就整合进入了既有的浓郁味道文化——

1. Dunlop, *Revolutionary Chinese Cookbook*, 12.
2. 杨旭明：《湖南辣椒文化的内涵及其整合开发策略》，第 172 页。
3. 刘国初：《湘菜盛宴》，岳麓书社，2004，第 19 页。
4. Dunlop, *Revolutionary Chinese Cookbook*, 10, 21.
5.《楚辞》，《七谏》，https://ctext.org/chu-ci/qi-jian/zh。

尽管也许不像古代四川菜那么辛辣。

第二章描述过各种形式的辣椒，包括新鲜的、干燥的、磨碎的、腌制的，湖南人都使用过。1765年版《辰州府志》写道：“其壳切以和食品，或以酱、醋、香油菹之。”[1]今天用盐腌制的辣椒是一种备用辣椒，特别与湖南烹饪有关。这种咸辣椒的中文名字叫“剁辣椒”，字面意思是切碎的辣椒，但是食盐赋予了它们独特的风味和颜色（见下面方框里的菜谱）。[2]食盐可以保存辣椒数月之久，新鲜辣椒的许多特性都可以使人们在整个冬天享用它。此外，这个过程经常使得辣椒的鲜红颜色变得更深。它是许多湖南菜中使用的一种常见辣椒形式。

除了将辣椒当调味品用，湖南人还用以抵御生活在潮湿气候条件下对健康的不利影响。[3]正如第三章所见，在中医体系中辣椒祛湿极有效。[4]此外，陈文超在讨论湖南辣椒的文章中认为：“湖南人这种嗜辣的特点主要是由于气候的原因，湖南属大陆型（性）亚热带季风湿润气候区，空气湿

1.《辰州府志》(湖南，1765年)，卷15，第12a页。

2. 这个食谱来自《湖南剁辣椒酱的做法》，https://www.douban.com/group/topic/93842840/，2019年6月28日访问；第二个配料表是一个食谱的一部分，出自 Dunlop, *Revolutionary Chinese Cookbook*, 167–69。

3. 杨旭明：《湖南辣椒文化的内涵及其整合开发策略》，第172页；Dunlop, *Revolutionary Chinese Cookbook*, 167–69。

4. 例如赵学敏：《本草纲目拾遗》（1803年），卷8，第72b、73b页；《建昌县志》（江西，1759年），卷9，第3a页。

湖南剁辣椒酱的做法

食材：鲜红朝天椒 1000g、蒜球 1~2 个、生姜 170g、盐 100g。

1. 先将鲜红椒连蒂洗干净，再放到阴凉处晾干水，剪掉辣椒蒂；

2. 腌辣椒的坛子清洗干净，晾干水分；

3. 大蒜剁成蒜末，生姜切小片备用；

4. 朝天椒切碎，切成大概 2cm（宽）的小方块；

5. 将切好的朝天椒连同蒜末、生姜一起拌匀，放入盐，用锅铲搅拌均匀；

6. 将辣椒一勺勺装入坛子里，盖好坛子盖，坛子口边倒入适量清水即可。

剁椒鱼配料

1 整条柠檬鲽鱼

1 汤匙黄酒

¾ 英寸（1 英寸 =2.54 厘米）生姜片

1 根整葱

½ 汤匙豆豉

4 汤匙剁辣椒

花生油烹饪用

度大，夏季炎热，冬季寒冷，人体内湿寒不易排出，而辣椒正好有祛寒散汗排湿的功效。”[1] 被认为是全年都很健康的湖南饮食必不可少的部分，辣椒成为适应当地条件的地域医疗的一部分。玛塔 · 汉森（Marta

1. 陈文超：《湖南辣椒发展状况》，第 8 页。

Hanson）在研究中医传染病时认为，她称之为的“地理想象，依地域差异分类，并将当地的例外情形融入了系统学说。接下来医生就可以制定出他以及有时他的同事要遵循的应对办法。”[1] 陈文超也认为，经济受地理影响，在辣椒于湖南的传播中起了重要作用：

> 旧时湖南许多地方交通不便造成流通不畅，海盐和外地时令蔬菜难以运进来，加上购买力较低，农民想到辣椒味美价廉，能在某种程度上替代盐的食用，特别是辣椒在湖南生长季节长，容易种，所以辣椒一经传入湖南，马上传播开了。[2]

可以说气候、地理、经济和文化因素综合在一起，提升了辣椒在湖南的重要性。

辣椒在湖南是食物、记忆和身份的集合体。近代以来最著名的湖南人是毛泽东，人们必然会想到他湖南人的身份，将其作为极辣食物的消费者。在流行的说法中，毛泽东吃的食物，特别是辣椒，直接与他的身份联系在一起。据写作湖南食物的作家刘国初记述，毛泽东甚至在西瓜上放了辣椒片！一则常被人说起的关于毛泽东的故事，是一位医生曾经

1. Marta Hanson, *Speaking of Epidemics in Chinese Medicine: Disease and the Geographic Imagination in Late Imperial China* (New York: Routledge, 2011), 14.

2. 陈文超：《湖南辣椒发展状况》，第 8 页。

建议他要少吃辣椒，毛泽东对此反问："连碗里的辣椒都怕，还敢打敌人？"[1] 此外，毛泽东也说过一句著名的话："不吃辣椒不革命"（关于这一点的更多论述，见第五章）。[2] 如此，能吃辣就与改变中国所需的大无畏精神联系在了一起。毛泽东还调侃德国出生的李德（Otto Braun），他是莫斯科派来给中国人当军事顾问的，不能吃辣的食物。李德在自传中写道，毛泽东宣称"真正革命者的粮食是红辣椒""谁不能吃红辣椒谁就不能战斗"。[3] 湖南的军事领导人现在仍然被推崇，因特别有效率，比如曾国藩；或者是有效率且充满激情，包括左宗棠和毛泽东。一篇强调辣椒与近现代强势的湖南军事领导人之间联系的文章，明确提到现在有句流行语："有人说，湖南人一生只做三件事：吃辣、读书、打天下。"这篇文章又认为，湖南的军事家"曾国藩、左宗棠、黄兴、宋教仁、蔡锷、毛泽东、刘少奇、任弼时、彭德怀、贺龙、罗荣桓等等，他们都有着彪炳千秋的功业，他们身上更有着鲜明的湖南人'辣'的性格。"[4] 在这里辣椒与男性的好战特性联系在了一起。能吃辣椒与勇敢、善战及革命的坚韧

1. 刘国初：《湘菜盛宴》，第 21 页。

2. Edgar Porter, *The People's Doctor: George Hatem and China's Revolution* (Honolulu: University of Hawai'i Press, 1997), 76.

3. Otto Braun, *A Comintern Agent in China*, 1932–1939, trans. Jeanne Moore (Stanford, Calif.: Stanford University Press, 1982), 55.

4.《湖南人一生只做三件事：吃辣、读书、打天下》（2017 年）https://kknews.cc/history/8xxyq94.html。

不拔联系在了一起。从第五章分析的第二首湖南歌曲中，我们见到了相同的辣椒与革命间的联系。

湖南人左宗棠就是华人餐馆的名菜“General Tso’s chicken”（左将军鸡）中提到的那位将军。左宗棠最初组织了一支湖南地方军事武装力量，在湖南同乡曾国藩麾下，率领这支队伍成功地抗击了太平天国（1851—1864 年）。随后，他率领湘军平定甘肃叛乱并收复新疆。

湖南厨师彭长贵发明了“左宗棠鸡”这道菜，是在二十世纪五十年代的台湾。他后来将这道菜带去了他在纽约市的餐馆，在那里他将这道菜做得更甜，更符合美国人的口味。这道菜里的鸡是先滚面包屑并油炸，然后浇上甜而略带辣味的酱汁。这道菜极受欢迎，现在是美国“湘菜”的标志，甚至可以在一些食品店熟食柜台买到。但这位将军本人从来没有机会尝尝他的同名菜。[1]

湖南以外的正宗湖南餐馆主打的是辣椒，它们常常依靠毛主席来进一步强调他们的菜品，许多餐馆会列出一些菜称是毛主席最爱吃的。

二十世纪九十年代的一首诙谐有趣的流行歌曲强调了辣椒的重要性：

---

1. 见 Dunlop, *Revolutionary Chinese Cookbook*, 117–19; Andrew Coe, *Chop Suey: A Cultural History of Chinese Food in the United States* (Oxford: Oxford University Press, 2009), 242–43. 也有一部有趣的纪录片 *The Search for General Tso* (2014), 由 Ian Cheney 导演。

辣椒歌

远方的客人你请坐,

听我唱个辣椒歌。

远方的客人你莫见笑,

湖南人待客爱用辣椒。

虽说是乡里的土产货,

天天不可少。

要问这辣椒有哪些好?

随便都能数出十几条。

去湿气,开心窍,

健脾胃,醒头脑。

更有那丰富的维生素,营养价值高。

莫看辣得你满头汗,胜过做理疗!

青辣椒,红辣椒,剁辣椒,酸辣椒,

油煎爆炒用火烧,样样有味道。

莫道辣椒不算菜,一辣胜佳肴。

远方的客人你莫见笑,

湖南人实在爱辣椒。

就连这说话,也带点辣椒味,

出口哇哇响,听起火燎燎,

只要你仔细品品味，

你就会发现，

辣椒的后面，

心肠好。[1]

这首歌公开将辣椒与地域身份联系起来，坚持“湖南人实在爱辣椒”，辣椒是“土产货”，“莫道辣椒不算菜”，湖南主人喜欢用辣椒招待客人。这首歌的词作者谢丁仁，就是湖南人。这首欢迎客人的歌曲模仿的是孔子“有朋自远方来不亦乐乎”的名言。具有讽刺意味的是，接受传统儒家教育的精英往往为了精神纯洁和头脑清醒而不吃辣椒。演唱者坚持认为，客人需要通过这首歌来了解辣椒，为的是更好地欣赏并能耐受得了辣椒。这首歌是要证明人们理解了每天食用辣椒对身体的许多积极保健作用。就像毛泽东坚持认为的吃辣椒是革命的需要一样，词作者用军事胜利来形容辣椒的治疗能力。

这首歌的歌词和视频再清楚不过地展示了新年的鞭炮和成串儿干辣椒间的关联：

1. 何纪光（演唱），鲁颂（作曲），谢丁仁（作词）：《辣椒歌》。宋祖英也将这首歌收入 1990 年的一个集子，只是歌词做了些许变化（《中国湖南民歌》第 2 首，广东珠江音像出版社，1990）。

就连这说话，也带点辣椒味，

出口哇哇响，听起火燎燎。

互联网上的歌曲视频自始至终只有静止的图画，而焦点是一家餐馆门前挂着的一大串辣椒。[1]歌词的用语以及视频编辑所选用的图像，都将强烈的辣椒味道与响亮的鞭炮声相联系。[2]从音乐上讲，作曲家和表演者通过各种变化，包括音调升与降、合唱者的叫喊，强调的是用来烹调的各种辣椒的不同——红色的、绿色的、腌制的或辣椒酱。如此多样肯定能满足来客的各种口味。虽然这首歌有时在审美上有着与欢快不太相关的一些东西，包括一些搞笑的真假嗓音以及长号滑奏，但最终暗示了食用辣椒有着实在、积极的好处——能俘获远方客人的口和心。

正如这一部分开头所提到的湖南的情况，许多湖南人认为自己在使用辣椒上比邻省贵州和四川更巧妙。这首歌也强调了辣椒的味道可能比它能刺激性发热更重要，当然这两个方面是有联系的。这位演唱者坚持说，在经过了快速烹饪之后，“样样有味道”，他请客人“仔细品品味”。甚至毛泽东，与今天大多数湖南人一样，并不只吃很辣的菜。他极喜欢

---

1. 线上的视频：何纪光、鲁颂、谢丁仁：《辣椒歌》，https://www.youtube.com/watch?v=VQX4iUCmRwM，2017 年 6 月 4 日访问。

2. 邓扶霞在她的关于川菜的书中也认为辣椒串儿和鞭炮看起来很像，见 *Land of Plenty: A Treasury of Authentic Sichuan Cooking* (New York:Norton, 2001), 15。

的一道菜——红烧肉，口味就相当淡。人们常常将这道菜与毛泽东联系在一起，以至于许多湖南人餐馆现在叫它“毛家红烧肉”[1]。这道菜是很好的例子，说明了辣椒是如何作为调味品却不使菜肴变辣的。有份食谱中，尽管味道很淡，但实际上包括了两种形式的辣椒：干辣椒和辣椒酱。[2]就像在所谓的食辣地区之外将辣椒当作调味品使用的烹饪方法一样，湖南的厨师经常从辣椒中寻找细微的味道，而不只是当作调味品。

湖南男性能吃辣椒被认为对于激发革命很重要，而湖南女性也常常被人与辣椒联系在一起。辣妹子的主题，在第五章介绍《红楼梦》的人物王熙凤（凤辣子）时提到过，现在继续讨论。2004年，一篇发表于中华全国妇女联合会（全国妇联）主办出版物中的文章，将湖南女性与辣椒的辣联系起来。中国妇联是官办机构，由来自各地方各层次的代表组成，从地方到国家都有。它的官方描述：“是全国各族各界妇女为争取进一步解放与发展而联合起来的群团组织，中华全国妇女联合会以代表和维护妇女权益、促进男女平等和妇女全面发展为基本职能。”[3]全国妇联履行使命的方式之一，是为女性出版一些月刊，包括一本英文杂志《中国妇女》。2004年这本杂志发表了一篇以“Hunan's 'Spicy' Women”为题的文章。

1. Dunlop, *Revolutionary Chinese Cookbook*, 78；《蛮辣湘菜》，DVD，中映映画，2012。
2.《蛮辣湘菜》。
3. 中华全国妇女联合会，http://www.womenofchina.cn/about.htm。

此文用英文写成，但也有中文的标题——《湖南女人：火辣如椒，柔情似水》。[1]文章的一部分聚焦于对湖南女性普遍存在的固有印象——她们性情泼辣，可对所爱之人则很温柔。作者也在文中一些标题处加了中文，其中一个把湖南女性和“辣妹子”的比喻相联系——“湘妹子的辣”[2]。

作者在文字和配图中明确将普遍认为的湖南女性性格与辣椒相联系。这篇文章的题头照片，是一个人透过窗户看一个女人在工作，窗外悬挂的是很多串儿红辣椒。在文中我们看到了一些导致王熙凤获得“凤辣子”绰号的湖南女性的共同特征：

> 据说湘妹子和当地的辣椒有着太多的共同点——好看，开胃，但不容易消化。外表温文尔雅，可实际上两者都裹藏着火热的元素。
>
> 在中国，湘妹子名声在外，普遍都意志坚定而果敢。人们说她们是透明的，不掩饰自己的喜怒哀乐。例如，在找丈夫的时候，她们直截了当。她们敢做敢当……
>
> 湖南省会长沙的女性有着最典型湘妹子的名声。她们给人的印象是“犀利”，绝不会在她们的丈夫面前服软。[3]

---

1. Yao Huoshu and Christina Lionnent, “Hunan’s ‘Spicy’ Women,” *Women of China* (English monthly), September 2004, 26.
2. Yao and Lionnent, “Hunan’s ‘Spicy’ Women,” 29，其中“湘”是指湖南。
3. Yao and Lionnent, “Hunan’s ‘Spicy’ Women,” 29.

这种固化形象与王熙凤一样都很强势。一定程度上也是对可能要迎娶言语“犀利”如王熙凤般的湖南女子的男人有所警告。然而，呈现在《红楼梦》里的道德批判与报应不见于这篇文章，因此，当代的“辣妹子”自信、热情、可爱、犀利，但不被认为是越界。

文章的结尾，写了几位著名的湖南女性小传，其中有流行歌手宋祖英。她是苗族人，以演唱苗族民歌、通俗歌曲以及爱国歌曲而为人所知。一首歌尤其与她有关，特别是因为她来自吃辣的湖南，那就是《辣妹子》。这首歌在 1995 年、1999 年、2009 年三次在中国的春节联欢晚会上演唱。春节联欢晚会演出的节目包括歌手演唱的各族民歌和爱国歌曲，吸引了全国广大观众。这首歌里的辣妹子和湖南女人这篇文章相同，但表现则更为大胆：

辣妹子

辣妹子从小辣不怕

辣妹子长大不怕辣

辣妹子嫁人怕不辣

吊一串辣椒碰嘴巴

辣妹子从来辣不怕

辣妹子生性不怕辣

辣妹子出门怕不辣

抓一把辣椒　会说话

辣妹子辣　辣妹子辣

辣妹子辣　妹子　辣辣辣

辣妹子辣　辣妹子辣

辣妹子辣哟　辣辣辣

辣出的汗来汗也辣呀　汗也辣

辣出的泪来泪也辣呀　泪也辣

辣出的火来火也辣呀　火也辣

辣出的歌来歌也辣～　歌也辣

辣妹子说话火辣辣

辣妹子做事泼辣辣

辣妹子待人热辣辣

辣椒伴她走天下

辣妹子辣 辣妹子辣[1]

“辣妹子”也可以翻译成“辣妹子”的单数[*]。我的英译选择的是复数，是为了强调这首歌是关于一种类型的女人而不是一个具体的女

1. 宋祖英（演唱），徐沛东（作曲）、余致迪（作词）：《辣妹子》。歌词的引用得到了余致迪的同意。（原文引用了中文歌词。——译者）

* 文中前面都译为 Spicy Girls，是复数形式；单数形式是 Spicy Girl。——译者

人，宋祖英主演的音乐电视支持了这种解释。[1] 她是视频的焦点人物，而她身边还有几十个辣妹子，很投入地从事着辣椒加工的各道程序，并呈上这些辣椒，如同在一条河上的洞穴神殿之中献祭一样，带有色情味道。

王熙凤的绰号借用了辣椒的辛辣，尽管她可能没有吃过辣椒，然而在歌中女人和辣椒全然联系在一起。这些女人本色如此，因为她们从小就吃辣椒。辣椒的力量和这些女人的力量相互交织，一起闯世界，就像辣椒让人鼓足力量，说出自己的观点。女性听众可能会想模仿辣妹子的率直——做事、说话、交际。她们都是活跃的女性。在生活中，她们风风火火，饮食上也让人受不了。

第五章所分析的强调男人和辣椒的早期革命歌曲，与这首关于女人和辣椒的歌曲之间有着间接联系。辣椒的红色让人联系到共产党的形象，进而联系到中国共产党在革命中的胜利。宋祖英也以演唱一些爱国歌曲而知名。《辣妹子》的词作者佘致迪，以写爱国和宣传歌曲而著称，比如《党啊亲爱的妈妈》。与湖南《辣椒歌》的词作者一样，佘致迪也是湖南人。《辣妹子》的曲作者，是广为人知的徐沛东，曾任中国文学艺术界联合会副主席。他也以创作民族主义和爱国主义歌曲著称，如《爱

1. 例子可见 https://www.youtube.com/watch?v=rGKIGQ4l7qE，或是 http://v.youku.com/v_show/id_XMTkxMjg1NzM2.html。

我中华》《亚洲雄风》。曲作者和词作者配合默契，把音乐的重点放在表现这首《辣妹子》如何辣上。

除了影响辣妹子的性格，辣椒还改变了这些人的身体。她们身体吸收的辣，会出现在她们的汗水和泪水中。这些生理影响再加上辣椒所激发的热情，造就了可爱的女性形象。男性听众应该会发现歌中的辣妹子令人心动，让人向往。她们辛辣、大胆、激情、火热。这首歌借用了在本章开头讨论的调侃不同省份吃辣椒的流行说法中同样的“怕”与“辣”的文字游戏。不过在这里，辣妹子早年就不怕辣，但着意描写的是结婚后的“怕不辣”。在两句关于结婚的歌词中，最后的用词是一样的——“怕不辣”。这样就有了对辣妹子未婚夫的警告——她们的深情需要得到满足。

从毛泽东对辣椒的喜爱到长沙火车站的灯，从湖南女性被形容为辣妹子到革命能力强就是因为吃辣椒，辣椒已是湖南人身份不可分割的组成部分。湖南人如此将这种海外调味品完全融入他们的生活，以至于现在辣椒已成为他们烹饪不可缺少的内容，甚至被誉为“湖湘文化的一种图腾”[1]。湖南的旅游形象常常强调食物中的辣椒，它同时也是一种重要的经济作物。眼睛还有胃口所及，到处都是作为各地方标志物的辣椒。

---

1. 杨旭明：《湖南辣椒文化的内涵及其整合开发策略》，第 172 页。

四川

今天的四川人对于辣椒在他们地域菜系味道中的重要性足以感到自豪。[1]常见的关于四川文化的用语“食在中国，味在四川”，强调的就是当地饮食的这个方面。四川人尽管面对湖南人等外界的批评，仍强调的是味道，而不只是辣。这一重要性反映在联合国教科文组织在 2010 年授予四川省会成都“世界美食之都”称号这一点上。为此所设计的标志包括了一个风格化的红辣椒，强调了它在当地烹饪中的重要性。[2]此外，因为四川盆地农业资源丰富，而成都又是四川的中心地区，故历来有“天府之国”的美誉。如前所述，早在四世纪，四川人的饮食偏好就已被描述为“尚滋味”“好辛香”。[3]

这里辣椒流行的确切原因存有争议，但地理和气候条件肯定起着关键作用。四川由于地理位置和气候，常常需要找到保存食物的方法。研究食物的学者罗孝建（Kenneth Lo）注意到：“这一地域远离海上贸易，加上气候潮湿，保存食物成为必不可少的考虑因素，不仅是食材的储存，

---

1. 重庆市 1997 年成为直辖市，但从文化上讲大多数人仍然认为它是四川的一部分。因此本书将重庆包括在四川之内。

2. UNESCO, “Chengdu, China: UNESCO Food Capital,” http://www.unesco.org/new/zh/culture/themes/creativity/creative-cities-network/gastronomy/chengdu/，2018 年 8 月 14 日访问。

3. 常璩：《华阳国志》，卷 3，第 1b 页。

也包括制备过程。在冷冻技术出现之前，食物是通过盐渍、干燥、添加香料、醋渍、烟熏进行保存。这些保存方法赋予了食物浓郁的味道。”[1]正如讲医药的那一章所述，辣椒具有较强的抗微生物和抗真菌特性。在一篇关于香料抗微生物特性的文章中，詹妮弗·比林（Jennifer Billing）、保罗·谢尔曼（Paul Sherman）总结说：“人们给食物添加辣椒，最根本的原因可能是利用辣椒这种植物所含物质的抗微生物作用，这种成分带来了辣椒的辣味。我们可以假定，通过清除食物中的致病菌，辣椒的使用者保护了自己的健康、生存和繁衍。这就可以解释为什么很多人，特别是那些生活在或前往炎热气候地区的人，更喜欢辣的食物。”他们强调辣椒在炎热气候地区烹饪中的重要性，指出它们作为抗微生物剂的意义。[2]因此，辣椒作为防腐剂与它们能杀死食物中的微生物有关。辣椒素的抗真菌特性对在潮湿气候下保存食物也相当重要。[3]

四川菜除了包括由耐藏加工所带来的浓烈味道外，还有使用刺激性调味品的悠久传统，比如桂皮、蒜、姜、八角，以及最重要的花椒。[4]尽管

---

1. Lo, *Chinese Provincial Cooking*, 196.

2. Jennifer Billing and Paul Sherman, “Antimicrobial Functions of Spices: Why Some Like It Hot,” *Quarterly Review of Biology* 73, no. 1 (March 1998): 30, 25.

3. 见 Joshua Tewksbury et al., “Evolutionary Ecology of Pungency in Wild Chilies,” *Proceedings of the National Academy of Sciences* 105, no. 33 (2008): 11808–11。

4. 见 Lo, Chinese Provincial Cooking, 197; Dunlop, *Land of Plenty*, 15–19;Simoons, Food in China, 52; Anderson, *Food of China*, 167-69; 郑褚、藏小满：《川菜是怎样变辣的？》，第 57 页。

其他地域也使用所谓的五香调料，但它们在四川有着悠久的历史。同时这五种调味品的种类各不相同，其中四种很常见：花椒、八角、桂皮、茴香，其他可能用到的有姜、甘草、丁香、胡椒等。[1]因此，当辣椒进入四川后，它们就被整合进一个已经使用许多种浓烈调味品并将香料作为防腐剂的地域烹饪体系。

此外，如同湖南一样，四川常年气候潮湿——夏季湿热，冬季凉潮。正如前面针对湖南人所说的一样，许多四川人相信吃辣椒能帮助他们的身体调节当地过度潮湿的气候。[2]罗孝建开玩笑地提出："也许人们甚至还可以说，四川烹饪的辣、浓、咸的味道不仅能使食物长存，而且有助于人的长寿！"[3]在辣椒引入四川之前，很可能四川人使用其他刺激性的调味品（比如五香调料）祛除过分潮湿。然而，辣椒被认为对此更有效，日常使用它有助于在湿热环境中健康地生活。

四川引种辣椒最可能的途径是由湖南移民带来。[4]整个十七世纪下半叶，清朝征服明朝，镇压了各地叛乱和起义，四川遭受屠戮，人口可能

---

1. "五香"调料，见Dunlop, *Land of Plenty*, 356; and H. T. Huang, *Science and Civilisation in China*, vol. 6: *Biology and Biological Technology, Part 5: Fermentation and Food Science* (Cambridge: Cambridge University Press, 2000), 95。

2. 见 Dunlop, *Land of Plenty*, 16; Lo, Chinese Provincial Cooking, 197；滕有德：《四川辣椒》，第 7 页。

3. Lo, *Chinese Provincial Cooking*, 197.

4. 见 Anderson, *The Food of China*, 131。

减半。[1] 新的清政府积极鼓励汉人从湖南等地移民四川。[2] 湖南辣椒的最早记录是1684年，也就是说辣椒可能是十七世纪六十年代进入该省的。湖南移民进入四川应该始于十七世纪晚期，一直延续到差不多整个十八世纪。因此至少有些湖南移民入川寻找土地时应该已经在烹饪中使用辣椒，可能还携带了辣椒。四川最早的辣椒记录是在1749年，地点离地处四川中部肥沃平原的成都不远。[3] 因此可以将十八世纪三四十年代定为辣椒传入四川的时间。

四川当地的气候和风俗可能影响了湖南移民，随着时间的推移，强化了他们对辣椒的使用，在实践中与他们在湖南的亲友有了不同。罗孝建认为四川味道浓烈的辣饭菜源于农民，而宴席中精英的不辣菜品是受到了北方的强大影响。[4] 四川菜并不是每道都用辣椒，在偌大的四川，它们的使用各有不同，形式多样，是烹饪中的关键成分，也是地域身份抢眼的标签，帕拉塞科利称之为“身份食品”。然而，辣椒在十九世纪之前，并没有持续出现在四川地方志中。

---

1. 见 Diana Lary, *Chinese Migrations: The Movement of People, Goods,and Ideas Over Four Millennia* (Lanham, Md.: Rowman and Littlefield, 2012), 77–78; Frederic Wakeman, Jr., *The Great Enterprise* (Berkeley: University of California Press, 1985), 1109n；郑褚、藏小满：《川菜是怎样变辣的？》，第56页。

2. 见 Lary, Chinese *Migrations*, 78。

3.《大邑县志》（四川，1749年），卷3，第32a页。

4. Lo, *Chinese Provincial Cooking*, 196.

傅崇矩1909年的《成都通览》常被称为四川最早包括辣椒的烹饪书。[1]此书开列的一些含有辣椒的调味品和菜肴，包括海椒末、热油海椒、辣子酱、辣子糖、辣子鱼、辣子鸡、麻辣海参。此外，傅崇矩还列出了成都市场上可以见到的十几种辣椒。[2]川菜文化体验馆的一个展览，声称今天的川菜是在1861年至1911年间发展起来的。今天，辣椒不仅是川菜而且是整个四川身份不可分割的一部分。事实上，体验馆的另一展览宣称辣椒引进四川“使川菜发生划时代的变革”。[3]

我已讨论过川菜中辣椒的一些最典型形式，包括鲜辣椒、整个干辣椒、干辣椒面、辣椒油。此外，四川人经常使用腌渍的辣椒，最常用的保存方法是浸泡在“盐、糖、酒、香料的液体中”，与湖南相似，而与东部菜系的做法不同，那里喜欢用醋作为保存剂。[4]

豆瓣酱是四川的特产，也是川菜不可缺少的配料，是用辣椒和蚕豆发酵而成。如同前面讨论过的老干妈牌辣椒酱一样，豆瓣酱的商业化生产从二十世纪八十年代起步。尽管四川全境历来都使用和生产豆瓣酱，

---

1. 蒋慕东、王思明：《辣椒在中国的传播及其影响》，第21页；郑褚、藏小满：《川菜是怎样变辣的？》，第58页；Endymion Wilkinson, *Chinese History: A New Manual* (Cambridge, Mass.: Harvard University Asia Center, 2013), 457。

2. 傅崇矩：《成都通览》（1909年），巴蜀书社，1987，第260、261、279、288、293—299、304—315、340页。

3.《现代川菜的发展定型·辣椒》，2015年8月在四川郫县“中国·川菜文化体验馆”所见信息牌。

4. Dunlop, Land of Plenty, 56.

但是距成都西北约二十公里的郫县生产的豆瓣酱，被认为最好。郫县不少企业生产这种本地特产，广为推销。尽管商业化程度提高，许多豆瓣酱只发酵几个月就出厂，但发酵两三年出厂的优质品好好找还是能找到的。到二十世纪八十年代末，各种品牌的郫县豆瓣酱，在全中国以及一些国家都能够买到。如今，郫县豆瓣酱已经出口到 40 多个国家。[1]

郫县利用豆瓣酱的生产，甚至通过工厂旅游以及近期建成的川菜文化体验馆，将自己打造成国内游客的目的地。从成都进入郫县的游客会看到一个很大的欢迎标志："食在四川，味在郫县！"这是把"食在中国，味在四川"地方化了。这种重要的地方产品是辣椒融入川菜的一个关键途径。一道大量使用了郫县豆瓣酱的四川招牌菜是麻婆豆腐（见下面方框的配料表）。[2] 很多人视豆瓣酱为川菜必不可少的成分，有时称之为"川菜之魂"。[3]

四川菜的另一个重要特点，也是区别于湖南菜之处，是许多菜同时使用花椒和辣椒。这个与众不同的组合，称为"麻辣"。这种搭配也可以在邻近的云南找到，但在全国范围内，它最经常被认为是四川菜的特有元素。川菜文化体验馆里经常重复的一句话是四川人"善用

1.《郫县豆瓣的贸易》，2015 年 8 月在四川郫县"中国・川菜文化体验馆"所见信息牌。

2. 完整的食谱，见 Dunlop, *Land of Plenty*, 313–14。

3. 水晶月光（笔名）：《水晶月光・川味笔记》，浙江科学技术出版社，2014，第 17 页。

麻婆豆腐

这个食谱，据说是清末一个满脸麻子的女人发明的。这道菜有多种形式，它通常都有肉，但也可以做成素食。

配料表

1 块豆腐

4 根小葱

½ 杯花生油

6 盎司（1 盎司≈ 28.35 克）牛肉末

2½ 汤匙豆瓣酱

1 汤匙豆豉

2 茶匙辣椒粉

1 杯高汤

1 茶匙白糖

2 茶匙酱油

盐少许

4 汤匙玉米淀粉与 6 汤匙水混合

½ 茶匙煸炒过的花椒粉

麻辣”[1]。在邓扶霞看来，湖南人常常不看好四川人的这种惯用组合，他们极少用，用也非常慎重。[2] 有些人开玩笑说，花椒的麻的特性使得四川人

1.《川菜魅力・川菜之味》，2015 年 8 月在四川郫县“中国・川菜文化体验馆”所见信息牌。

2. Dunlop, *Revolutionary Chinese Cookbook*, 127.

在菜中使用更多的辣椒！麻婆豆腐有着麻辣味道组合，而可能更有名的“宫保鸡丁”，也就是美国人知道的“kung-pao chicken”（见下页的方框），也是这种组合。[1] 关于这道菜的起源，有着许多的故事。下面的这个版本是川菜文化体验馆的记述：

> 丁宝桢（1820—1886），贵州平运人。清咸丰年间进士，曾任山东巡抚，后任四川总督，死于任上，被追赠“太子太保”。丁宝桢一向很喜欢吃辣椒与猪肉、鸡肉爆炒的菜肴，每遇宴客，都让家厨炒制，肉嫩味美，很受客人欢迎。久而久之，这道菜也逐渐在民间流传开来，后人便以其官职将此菜称为“宫保鸡丁”。[2]

邓扶霞指出，“文化大革命”中所有的与帝制有关的东西都遭到批判，这道菜改名为“轰爆鸡丁”或“糊辣鸡丁”，直到二十世纪八十年代才“拨乱反正”。[3]

川菜馆在中国各地甚至全世界都极受欢迎。这些餐馆的一个重要标志就是大量使用辣椒。川菜馆中有一种是火锅店——这是一种有名的

---

1. 方框里的配料表出自水晶月光（笔名）：《水晶月光·川味笔记》，第 127 页。
2. 摘自《宫保鸡丁》，2015 年 8 月在四川郫县“中国·川菜文化体验馆”所见信息牌。
3. Dunlop, *Land of Plenty*, 238.

宫保鸡丁

主料

新鲜土鸡鸡脯肉 250 克

配料

花生米 50 克
葱白 30 克
姜、蒜适量
干辣椒十几颗
花椒十几粒

调料

红油 10 毫升
菜油 10 毫升
淀粉 1 小勺
蛋清半个
盐和酱油适量

兑汁

糖 50 克
醋 40 毫升
川式酱油 10 毫升
水 ¼ 杯
淀粉 1 小勺
黄酒 10 毫升
盐适量

餐馆类型，顾客们在餐桌上自己涮食物吃。对于那些不太适应四川辣味的人，餐馆通常将火锅分成正常口味和辣的口味（见图 6.1）。

尽管“辣妹子”大体上并不是指四川女子，不像称呼湖南女子那样，但它仍然有这么用的。邓扶霞观察到：“四川人以自己有点泼辣而出名，当地女子也被称为‘辣妹子’。”[1]

这个词也商用。例如，“山城辣妹子”是北京一家重庆风味川菜连锁餐厅的名字。另外，“辣妹子”是生产川味调料的重庆一家公司的名字，它常常给中国国内航班提供小袋的榨菜。

图 6.1　火锅店的“鸳鸯火锅”，陕西西安，2016 年

1. Dunlop, *Land of Plenty*, 15.

历史学者王洪杰（Hongjie Wang）也认同关于四川人、辣椒和革命的比喻，同样利用的是毛泽东大加渲染的一些想法。他在关于四川辣椒的文章中认为，“吃辣的食物已经被认为是勇气、勇敢、坚韧不拔等个人性格的展现，而这些对于未来的革命者必不可少。”王洪杰的论文中收录了广西旅游城镇阳朔一家川菜馆的一幅广告，上面有一副对联：“不红不革命，不辣不高兴！”[1] 食物研究者安德鲁·莱昂纳德（Andrew Leonard）同样强调了四川人能吃辣椒，并将此与男子气概和革命形象联系在一起。[2]

四川人已将辣椒建构成了一种身份客体（identity object）。虽然局外人可能认为辣椒的使用太过分了，但四川人却强调他们渴望体验菜肴各种不同的味道。从某种程度上讲，人们可以认为，把辣椒引入四川只是给四川烹饪的调色板多增添了一种味道而已。然而，实际上辣椒在四川人身份问题上起着根本性作用。辣椒是四川人生活不可分割的组成部分，影响着风味和健康。郑褚、藏小满在关于四川烹饪的辣味的文章中，用了一反问句：“没有辣椒，怎么能称为‘川菜’呢？”[3]

---

1. Hongjie Wang, “Hot Peppers, Sichuan Cuisine and the Revolutions in Modern China,” *World History Connected* 12, no. 3 (October 2015),https://worldhistoryconnected.press.uillinois.edu/12.3/wang.html.（对联的英文是本书作者翻译的：No revolution without redness! No happiness without spiciness!。感兴趣的读者可以参考。——译者）

2. Andrew Leonard, “Why Revolutionaries Love Spicy Food: How the Chili Pepper Got to China,” *Nautilus*, no. 35, April 14, 2016, http://nautil.us/issue/35/boundaries/why-revolutionaries-love-spicy-food.

3. 郑褚，藏小满：《川菜是怎样变辣的？》，第 56 页。

辣椒的使用对湖南和四川的改变，意义深远。今天，食用辣椒是当地人身份的重要组成部分。自从辣椒到来后，食物比以前辣多了。美食旅游日益成为时尚，向其他地域的中国人推广旅游常常会展示辣椒的图片，推动参观郫县的工厂和博物馆。很多人相信在这么湿润的环境下，每天吃辣椒对于健康生活来说很有必要。冷藏技术出现之前，在这两个地区，食物很快会变质，这导致了菜肴要使用腌制原料，尤其是在四川，其中就包括有浓烈味道的辣椒。辣椒对于湖南与四川的地域身份的重要性，表明这种引进的植物所建构起的“正宗地位”，继续影响着这些地区的文化。“辣妹子”的象征意义，以及毛泽东与辣椒的革命关系，展示出这种果实对湖南和四川的文化影响超越了食物和药物。

结 语

抓一把辣椒　会说话。

——流行歌曲《辣妹子》

中国到处都是种植辣椒这种美洲作物的人，辣椒因此被赋予了中国人自己的目的和意义。沿海的福建水手和商人，以及与朝鲜人交流的盛京农民，是引进这种异国园林植物、蔬菜、香料和药品的中国人，最早可能是在十六世纪七十年代。当时的精英们缄默不语，看到这种植物果实"甚辣，不可入口"，只是作为一种漂亮的花园新奇之物，"子俨秃笔头"，但有材料表明这种可食用的植物早在1621年就"处处有之"。[1]

1. 王路：《花史左编》（1617年），卷23，第5b页；高濂：《遵生八笺》（1591年），卷16，第27b页；《食物本草》（1621年），卷16，第12b页。

辣椒彻底融入中国，首先在于这种植物的多种功用。它提供味道、香料、药物、营养和刺激，并诱发激情。来自不同地域、阶层、性别的中国人都能在辣椒上找到一些引人入胜和激动人心的东西。

对于汤显祖的戏剧《牡丹亭》的听众，以及曹雪芹的《红楼梦》的读者来说，辣椒呈现出的是女性性别上的深情、自信、泼辣的象征意义。近来这些已经扩展到更多的地域性联系，包括来自湖南和四川的“辣妹子”与男性革命战士，比如流行音乐歌星宋祖英与毛泽东。

神话中史前首领神农，是辣椒善变、有能力超越界限并将医疗体系与实践经验整合在一起的象征。人们将《本草》一书的作者归为神农，此书对于帝国晚期行医之人来说，被视作原始文献——最早的书面先例。不过神农开启治疗，是以自己为测试对象进行的第一手实验。据说他尝试了几百种植物来观察它们的效果。同样，辣椒被整合进入医疗，是通过识别出诸如发热和刺激等特性，但是它的许多令人印象深刻的治疗应用都是通过观察得出的。这种果实能为痔疮患者带来“神效”的能力来自观察，而不是来自对于阴阳、五行等体系的分析。

辣椒在帝国晚期从默默无闻到无处不在，是因为中国的园丁、农民、厨师、医生和作者把这种新植物融入了他们的生活文化背景，使之适应现有的文化体系。辣椒的视觉吸引力使它们得以开始进入文人文化，吸引了像高濂这样的园林鉴赏家的目光。随着时间的推移，审美价值扩展，跨越社会界限，以至今天成串儿的辣椒，无论是真正的还是人造的，不拘形式地作为装饰物，作为繁荣、富裕生活的象征物。

辣椒中的辣椒素，味道独特而强烈，吸引了完全不相干的各方的注意力，但都融入医药－烹饪体系保证了它的接受和传播。在医药上，除了有助于消化之外，辣椒还适用于对付多种疾病，既治疗又预防。在现当代，人们在潮湿的环境中大吃特吃辣椒，作为预防药物，以避免体内湿气过多。辣椒替代花椒、食盐、胡椒始于十七世纪。在某些情况下，辣椒是直接的替代品，容易得到且经济实惠，这些都起着作用，因为家庭可以在自己的菜园里种植辣椒且不需要花钱。这使得它们成为强有力的竞争者，即便对手是价格相对低廉的花椒。辣椒的名字，包括“番椒”“番姜”“赛胡椒”，都反映了替代开始阶段的情况。到了十八世纪中叶，辣椒成为调味汁、酱、油、醋的常规成分。一开始被替代物的名字保留了下来，但十九世纪初之后，那些直接提及的被替代物就不见了，这显示了辣椒的全面融入。稍早些时候，辣椒第一次出现在食谱中。大约这个时期，辣椒取代了花椒，全面流行，成为象征性的、无处不在的辣味。

辣椒在中国各地的烹饪中成为常见之物。即便是在不喜爱辣味调料的菜系地域，辣椒仍然很受欢迎。事实上，辣椒甚至改变了“辣”这个词的确切意思，它现在主要指辣椒中辣椒素引起的辣。随着“辣”的意义的转变，对于 chile pepper 也出现了一个更通用或说是全国性的名字——辣椒。这一转变，发生在国家身份作为一种重要的文化标签正在形成的时候，这是与中国作为一个民族国家的其他重要指标同时出现的，包括全国上下都更为关注的教育体系，以及面向全国的报纸和出版社。

中国内地各地域的气候和文化千差万别。辣椒抵达后，各地域的采纳就开始了。当地条件影响到每个进入点的命名和使用。多面性在当地人对这种植物的利用和传播大有帮助，当地人把它融入他们特定的环境和文化。有的地方强调辣椒是蔬菜，有的强调它是调味品，而有的则强调它是药材。在贵州、广西等缺盐地区，以辣椒替代食盐最为普遍。

用辣椒替代胡椒发生在内陆，远离进口南亚香料的沿海运输点。只有在台湾，“番姜”这个名字一直占主导地位。在福建中部的温暖、海鲜丰富的环境中，人们食用辣椒来治疗食物中毒。在疟疾流行地区，人们将食用辣椒作为预防和治疗疟疾的手段。数个地区的少数民族很快就将辣椒融入了他们的文化。他们利用辣椒易生长的特点，取代了盐等要用钱购买的调味品。特别是在山区，辣椒提供了一种获取必需维生素的新方法。

内陆地区的地域身份，尤其对于湖南和四川来说，势必与为了味道及健康而消费辣椒联系在一起。这些地域的菜系同样与辣椒相关联。人们觉得，这些地域以外的湖南和四川菜馆，定会供应有辣椒的辣味菜。湖南菜馆经常强调毛主席与湖南的关系，如以毛主席的名字命名菜肴，或将他的画像、半身塑像作为装饰的一部分。在这些湿润地区，吃辣椒不仅有益于健康，还推动了辣椒发展成为地域身份标签。

强烈的辣椒味道适合作为革命的象征。毛泽东的不吃辣椒他个人就不可能是一个成功革命者的信念，已经转变成一种更广泛的认识，即辣椒对打仗有帮助。尽管这一比喻的性别化并不总是明确，但所隐含的革命暴力被广泛地视为男人的事情。此外，在辣椒消费与具体的军事领导人和革命者的直接联系的例子中，他们都是男性。辣椒消费依旧能在全世界激发起人们的兴趣，是因为有着冒险的极度愉悦与逞强感觉。

尽管将辣椒与暴力和领导地位联系起来的男性性别比喻很重要，但它却赶不上与辣椒有关的女性意象的流行。“辣妹子”是在中国家喻户晓的一个比喻，通常指辣椒消费特别多的地域的年轻女性，它是大胆、独立、深情的标签。尽管《牡丹亭》中的杜丽娘可以看作把辣椒与深情联系在一起的人物典范，但这个参照人物可以说一闪即逝，其影响远没有《红楼梦》中的王熙凤那么大。王熙凤这位“辣妹子”，一直影响至今。不过，当代“辣妹子”不必像王熙凤在小说中那样，因违抗性别的或道德的规范，过分越界而背负包袱。当代辣妹子是独立的女性，她们行使自己的权利去追求自己的情爱。从某种意义上说，她们回归了杜丽娘的一些个性特征，她冲破一切罗网，离开地府追求自己的爱情。另一方面，当代歌曲中的辣妹子肯定不会像杜丽娘一样“为伊消得人憔悴”；相反，她们“火辣”“大胆”和“热情”，她们走出自己的世界，敞开自己的心扉。[1]《辣妹子》在国际上的流行，加之是各年龄段和各地域的女性业余团体极喜爱的一首歌，也证明了湖南以外的女性是如何欣赏辣椒的大胆与充满激情的自信的。

相比之下，帝国晚期的许多精英对辣椒三缄其口，生动地表明了控制或拒绝这一辣的新来乍到者的是怎样的权力机制。在整个十八世纪以及十九世纪初期，清淡味道的江南菜主导着精英对于烹饪的著述。力戒强烈味道以培养精神的纯粹和智力的专注的传统悠久，也使得许多作者对异常刺激的辣椒心存偏见。作者需要引经据典，这也是辣椒要在出版物中崭露头角所要克服的一个因素。辣椒是闯入者，帝国晚期作者在它之前的、经常援引的书中自然找不见它的身影。因此辣椒要出现在医书中就特别困难。辣椒很晚才出现在菜谱中，几乎可以肯定也是这个原因。因此，我们就会明白《云南通志》的编纂者一直到 1894 年在“物产”部分中还没有记载辣椒，就是因为辣椒不见于李时珍的作品。与此形成对比的是，下层社会的人，种植了多种辣椒，作为食物和药物。与精英用复杂费解的毛笔、珊瑚等来比喻辣椒不同，他们把辣椒的形状与日常所见之物——牛角和鸡心联系在一起。

到十九世纪中后期，精英对于辣椒的沉默许多都被克服了。如此多的历史变迁，没有单一的原因，是多种因素共同促成了这种全面的转变。

---

1. 宋祖英（演唱），徐沛东（作曲），佘致迪（作词）：《辣妹子》。

当辣椒在烹饪和医药方面越来越普遍，它们也就越来越无法被忽视。因此，广受欢迎成为它自己的先例，甚至成为正宗的标志。到1790年左右，辣椒已经出现在了童岳荐的食谱《调鼎集》中，许多后续的著作以此为先例在著作中加入了辣椒。到十九世纪末，许多社会精英对满族领导的清朝不再抱有幻想，有的甚至对整个帝制也是如此。这一时期我们看到的是倡导汉族民族主义的开端。尽管江南文化和饮食仍然受到推崇，然而对宫廷主导的烹饪习俗却已不再那么坚守。赵学敏心怀对李时珍作品进行补充的愿望，就记载了大量关于辣椒的信息。然而，尽管他的著作于1803年完成，但直到1871才出版。如此，直到十九世纪晚期，其他作者仍无法获得明清时期这一关于辣椒的篇幅最大的资料。此外，受西方影响，包括植物学在内的不同领域的各种科学方法，在二十世纪初开始生根。采用这种方法进行研究的学者不会注重在中国早期作品中寻找先例。强调辣椒消费的地域身份，在十九世纪末二十世纪初出现在书面文献中。一旦这些联系牢固地建立起来，要忽略这种辣的果实就变得越来越困难，人们也不太想这么做了。

从差不多十六世纪七十年代辣椒的引入开始，到二十世纪初，辣椒在中国内地已从默默无闻发展到了无处不在。没错，辣椒已经成为中国文化正宗的组成部分。正如法比奥·帕拉塞科利已证明的，“正宗”是一个构建和反复的过程：“传统和正宗都是高度管控与仪式化的实践、规范与过程的反反复复的结果，这是对于理念和文化模式的回应，并在每个人身上体现出的实实在在，有目共睹，文化上明白易懂。”[1]经历了这几百年的历程，来自全国各地、各行各业的中国人，采纳辣椒以适应既有的文化实践，“规范和过程”，尤其是在烹饪、医药和园艺领域。此外，辣椒在中国的使用日益增多，引起了中国文化的一些变化。辣椒对性别意象的影响、“辣”字的确切含义，以及地域身份，都证明了这种辣的果实的“实实在在，有目共睹，文化上明白易懂”。这种非本土植物的重要性，它多重的日常表现，以及它的象征力量，都促成了辣椒日益成为中国人身份的地地道道的一部分，从而成为真正的中国植物。

从味道强烈得让人无法忍受、危险的外来植物，到身份植物、为中国人提供和灌输本土能力以战胜敌人的植物，辣椒的历史一直难以捉摸，但引人入胜，有待发覆。与美洲的其他作物相比，关于辣椒的史料要单薄得多，与它们最初用于烹饪的情况相似。一道富含玉米、土豆、甘薯、花生的菜，只需一点儿辣椒就足以添滋加味。不过，辣椒没用“三拳两脚”，就发现了中国人是多么喜欢自己。春节期间，挂在家门以及生意场合入口两边一串串装饰性的或真正的辣椒，既表示热烈欢迎回家，也代表着特殊庆祝活动的节日鞭炮。辣椒已经回家，依然激情四射。

1. Fabio Parasecoli, “Food and Popular Culture,” in *Food in Time and Place*, ed. Paul Freeman, Joyce Chaplin, and Ken Albala (Berkeley: University of California Press, 2014), 332.

附录A 帝国晚期的食谱

时间	书名	作者	是否含有辣椒
1591	《饮馔服食笺》[1]	高濂	否
1670	《闲情偶寄》	李渔	否
1680	《食宪鸿秘》	朱彝尊	否
1698	《养小录》	顾仲	否
1750	《醒园录》	李化楠	否
1790	《随园食单》	袁枚	否
约1790	《调鼎集》	童岳荐	是
1819	《本草再新》[2]	陈修园	否
1830	《清嘉录》	顾禄	否

1.《饮馔服食笺》最早是作为高濂《遵生八笺》的一部分刊行的。这一关于食物与饮品的著述，也出过单行本。《遵生八笺》确实包括了最早的辣椒材料，但此书的食谱部分《饮馔服食笺》并不含有辣椒，加上它又有过单行本，因此收录于此附录作为最早的食谱。本书也查阅了明朝更早的食谱，但都不包括辣椒。关于中国的辣椒研究，包括这本书在内，都没有发现1591年之前的任何文献中包括辣椒，因此本附录不开列此前的食谱。

2.《本草再新》也可以归为医书，但它包括了一些食谱，也出现在刘大器主编的《中国古典食谱》中，因此包括在本附录中。

续表

时间	书名	作者	是否含有辣椒
1863	《随息居饮食谱》	王士雄	是
约 1863	《随园食单补正》	夏曾传	否
1907	《中馈录》	曾懿	是
1909	《成都通览》	傅崇矩	是
1916	《清稗类钞》[1]	徐珂	是

1.《清稗类钞》是笔记，也含有食谱。刘大器主编的《中国古典食谱》收录了《清稗类钞》中的一些食谱，包括其中一个含有辣椒的。

附录 B　本研究查阅过的医书

刊行年份	作者	书名	是否包括辣椒
约 1550	佚名（内务）	《食物本草》	否
1565	陈嘉谟	《本草蒙筌》	否
1587	张懋辰	《本草便》	否
约 1590	宁源	《食鉴本草》	否
1592	方有执	《伤寒论条辨》	否
1593	吴文炳	《药性全备食物本草》	否
约 1593	胡文焕	《食物本草》	否
1596	李时珍	《本草纲目》	否
1596	孙一奎	《医旨绪余》	否
1602	王肯堂	《证治准绳》	否
1602	杨崇魁	《本草真诠》	否
1607	穆世锡	《食物辑要》	否
1609	郑全望	《瘴疟指南》	否
1614	李中立	《本草原始》	否
1620	武之望	《重订济阴纲目》	否
1620	钱允治	《食物本草》	否
1621	佚名	《食物本草》	是

续表

刊行年份	作者	书名	是否包括辣椒
1622	缪希雍	《炮炙大法》	否
1624	张介宾	《食物本草》	否
1624	缪希雍	《神农本草经疏》	否
1624	倪朱谟	《本草汇言》	否
1624	张介宾	《景岳全书》	否
约 1627	缪希雍	《先醒斋医学广笔记》	否
1638	陈继儒	《食物本草》	是
约 1640	张介宾	《类经》	否
1641	蒋仪	《药镜》	否
1642	姚可成	《食物本草》	是
1644	贾所学	《药品化义》	否
1642	吴有性	《瘟疫论》	否
约 1644	李中梓	《镌补雷公炮制药性解》	否
1645	卢之颐	《本草乘雅半偈》	否
约 1674	张志聪	《本草崇原》	否
1676	朱本中	《饮食须知》	否
1679	周扬俊	《温热暑疫全书》	否
约 1684	傅青主	《傅青主女科》	否
1690	汪昂	《增补本草备要》	否
1691	沈李龙	《食物本草会纂》	否
1694	汪昂	《增订本草备要》	否
1695	张璐	《本经逢原》	否
1696	汪启贤	《食物须知》	否
1736	徐大椿	《神农本草经百种录》	否

续表

刊行年份	作者	书名	是否包括辣椒
1743	吴谦等编	《医宗金鉴》	否
1752	郑奠一	《瘟疫明辨》	否
1757	吴仪洛	《本草从新》	否
1758	汪绂	《医林纂要探源》	是
1761	严洁	《得配本草》	否
1764	徐大椿	《兰台轨范》	否
1771	徐文弼	《新编寿世传真》	是
1773	曹庭栋	《老老恒言》	否
1773	黄宫绣	《本草求真》	否
1773	吴道源	《痢证汇参》	否
1778	李文炳	《经验广集》	否
1778	李文培	《食物小录》	否
1783	戴天章	《广瘟疫论》	否
1785	杨璿	《伤寒温疫条辨》	否
1799	孙星衍等	《神农本草经》（辑）	否
1803 年前[1]	佚名	《百草经》	是
1803 年前[1]	佚名	《蔡云白方》	是
1803 年前[1]	陈炅尧	《食物宜忌》	是
1803 年前[1]	龙柏	《药性考》	是
1803 年前[1]	佚名	《药鉴》	是
1803 年前[1]	佚名	《医宗汇编》	是

1. 著作现已散佚。引自赵学敏《本草纲目拾遗》，1871年。赵学敏的著作于1803年完成。

续表

刊行年份	作者	书名	是否包括辣椒
1813	吴瑭	《问心堂温病条辨》	否
1819	陈修园	《本草再新》	否
1823	章穆	《调疾饮食辩》	否
1840	佚名	《本草汇编》	否
1848	赵其光	《本草求原》	否
1849	太医院	《药性通考》	否
1849	邹澍	《本经疏证》	否
1850	沈又彭	《女科辑要》	否
1851	屠道和	《本草汇纂》	否
1854	钮文鳌	《本草明览》	否
1856	张仁锡	《药性蒙求》	否
1863	费伯雄	《医醇胜义》	否
1871[1]	赵学敏	《本草纲目拾遗》	是
1885	李时珍、赵学敏	《本草纲目》(和拾遗)	是

1. 赵学敏的著作 1803 年完成，但直到 1871 年才刊印。

参考文献

各省记载辣椒的最早文献以 * 标示

地方志

安 徽

* 最早见王路《花史左编》，1617 年。

《重修五河县志》，1893 年。

《繁昌县志》，1826 年。

《桐城续修县志》，1827 年。

福 建

《永安县续志》，1834 年。

《建宁县志》，1759 年。

泉州府

*《安溪县志》，1757 年。

《晋江县志》，1765 年。

《晋江县志》，1829 年。

《马巷厅志》，1893 年。

《泉州府志》，1763 年。

《同安县志》，1768 年。

《同安县志》，1790 年。

《同安县志》，1929 年。

甘 肃

*《重修肃州新志》，1737 年。

广 东

* 最早见屈大均《广东新语》，1680 年。

《恩平县志》，1766 年。

《高州府志》，1890 年。

《阳春县志》，1687 年。

广 西

*《广西通志》，1733 年。

《临桂县志》，1802 年。

《柳州县志》，1764 年。

《容县志》，1897 年。

贵 州

* 最早见田雯《黔书》，1690 年。

《大定府志》，1850 年。

《贵阳府志》，1852 年。

《贵州通志》，1741 年。

《平远州志》，1756 年。
《思州府志》，1722 年。
《正安州志》，1818 年。
《遵义府志》，1841 年。

河 南
*《修武县志》，1840 年。

湖 北
*《长阳县志》，1754 年。
《房县志》，1866 年。
《湖北通志》，1921 年。
《来凤县志》，1866 年。
《郧西县志》，1777 年。

湖 南
《保靖县志》，1871 年。
《宝庆府志》，1685 年。
《长沙县志》，1817 年。
《辰州府志》，1765 年。
《凤凰厅志》，1824 年。
《零陵县志》，1876 年。
《龙山县志》，1818 年。
《宁乡县志》，1867 年。
《乾州厅志》，1877 年。
*《邵阳县志》，1684 年。

《永州府志》，1828 年。

江 苏

《常熟县志》，1539 年。（其中没有辣椒）

《丹徒县志》，1879 年。

《上海县志》，1872 年。

*《直隶太仓州志》，1802 年。

江 西

《奉新县志》，1871 年。

*《建昌府志》，1756 年。

《建昌府志》，1759 年。

《建昌府志》，1872 年。

《袁州府志》，1860 年。

陕 西

《澄城县志》，1851 年。

《汉南续修郡志》，1924 年。

《汉中续修府志》，1814 年。

*《山阳县志》，1694 年。

《续修宁羌州志》，1832 年。

《宜川县志》，1754 年。

《镇安县志》，1755 年。

山 东

《茌平县志》，1935 年。

《青州府志》，1859 年。
*《山东通志》，1736 年。
《阳信县志》，1926 年。
《兖州府志》，1770 年。

山 西

*《介休县志》，1696 年。

盛京（辽宁）

*《盖平县志》，1682 年。
《盛京通志》，1684 年。
《盛京通志》，1736 年。
《盛京通志》，1779 年。
《盛京通志》，1852 年。

四 川

*《大邑县志》，1749 年。
《郫县志》，1762 年。

台 湾

*最早见《台海采风图考》，1746 年。

云 南

《个旧县志》，1922 年。
《广西府志》，1739 年。
《宁州志》，1799 年。

《续云南通志稿》，1901 年。
*《云南通志》，1736 年。
《云南通志》，1894 年。
《云南通志稿》，1835 年。

浙 江

*最早见高濂《遵生八笺》，1591 年。
《海宁州志》，1776 年。
《杭州府志》，1686 年。
《杭州府志》，1898 年。
《杭州府志》，1916 年。
《黄岩县志》，1877 年。
《嘉兴府志》，1878 年。
《上虞县志》，1890 年。
《山阴县志》，1671 年。
《桐乡县志》，1882 年。
《鄞县通志》，1933 年。

直隶（河北）

《柏乡县志》，1766 年。
《南宫县志》，1559 年。（其中没有辣椒）
*《深州志》，1697 年。
《顺天府志》，1886 年。

其他作品

Anderson, Eugene N. "Folk Nutritional Therapy in Modern China." (《中国近代民间营养疗法》) In *Chinese Medicine and Healing: An Illustrated History*, ed. T. J. Hinrichs and Linda Barnes, 259–63. Cambridge, Mass.: Harvard University Press, 2013.

——. *The Food of China*. (《中国食物》) New Haven, Conn.: Yale University Press, 1988.

Andrews, Jean. *Peppers: The Domesticated Capsicums*. (《培育辣椒》) New ed. Austin: University of Texas Press, 1995.

——. *The Pepper Trail: History and Recipes from Around the World*. (《辣椒的行踪：来自世界各地的历史和食谱》) Denton: University of North Texas Press, 1999.

Arndt, Alice. "Spices and Rotten Meat. Old Saw: 'They Used a Lot of Spices to Disguise Spoiled Meat.' " (《香料与腐肉——"用大量香料来掩盖腐肉"旧说辩》) The Debunk-House, Food History News,2008. Archived at https://web.archive.org/web/20180818060609if_/http://foodhistory.news/debunk.html#rotten

Barnes, Linda, and T. J. Hinrichs. "Introduction." (《引言》) In *Chinese Medicine and Healing: An Illustrated History,* ed. T. J. Hinrichs and Linda Barnes,1–4. Cambridge, Mass.: Harvard University Press, 2013.

《本草汇编》(1840 年)，见《中国本草全书》第 139 册，华夏出版社，1999。

Benedict, Carol. *Golden-Silk Smoke: A History of Tobacco in China, 1550–2010* (《中国烟草史》). Berkeley: University of California Press, 2011.

Benn, James A. "Another Look at the Pseudo-Śūraūgama sūtra."(《〈楞严经〉再探》) *Harvard Journal of Asiatic Studies* 68, no. 1 (2008): 57–89.

Billing, Jennifer, and Paul Sherman. "Antimicrobial Functions of Spices:Why Some Like It Hot." (《香料的抗微生物作用：为什么有人喜欢辣》) Quarterly Review of Biology 73, no. 1 (March 1998): 3–49.

Birch, Cyril, trans. *The Peony Pavilion.*（英译《牡丹亭》）2nd ed. Bloomington: Indiana University Press, 2002.

Burton, David. *The Raj at Table: A Culinary History of the British in India*（《饭桌上的统治：在印度的英国人饮食史》）.London: Faber and Faber, 1993.

曹庭栋：《老老恒言》（1773年），上海书店出版社，1981。

曹雪芹：《红楼梦》（1760年），中华书局，1985。

曹雨：《中国食辣史：辣椒在中国的四百年》，北京联合出版公司，2019。

Chang, K. C. "Ancient China."（《中国上古时期》）*In Food in Chinese Culture: Anthropological and Historical Perspectives*, ed. K. C. Chang, 25–52. New Haven,Conn.: Yale University Press, 1977.

——. "Introduction."（《引言》）*In Food in Chinese Culture: Anthropological and Historical Perspectives*, ed. K. C. Chang, 1–21. New Haven, Conn.: Yale University Press, 1977.

常璩：《华阳国志》（约316年），收入《景印文渊阁四库全书》第463册，台北商务印书馆，1983。

Chang, T'ien-tsê. *Sino-Portuguese Trade from 1514–1644: A Synthesis of Portuguese and Chinese Sources.*（《1514—1644年的中葡贸易：基于葡萄牙文和中文文献的结合研究》）New York: AMS, [1934] 1973.

陈大章：《诗传名物集览》（1713年），收入《景印文渊阁四库全书》第86册，台北商务印书馆，1983。

陈淏子：《秘传花镜》（1688年），收入《续修四库全书》第1117册，上海古籍出版社，2002。

陈嘉谟：《本草蒙筌》（1565年），收入《续修四库全书》第991册，上海古籍出版社，2002。

陈继儒：《食物本草》（1638年），收入《故宫珍本丛刊》第366册，海南出版社，2000。

陈继儒：《致富奇书》（约 1639 年），收入“中国基本古籍库”（电子数据库），北京爱如生数字化技术研究中心，2009。

陈文超：《湖南辣椒发展状况》，《辣椒杂志》2007 年第 2 期，第 8—9 页。

陈修园：《本草再新》（1819 年），群学社，1931。

Cheney, Ian. *The Search for General Tso.*（《寻找左将军》）Wicked Delicate Films. DVD.Oley, Penn.: Bullfrog films, 2014.

程安琪：《辣翻天》，辽宁科学技术出版社，2006。

Chiang, Tao-chang. “The Salt Trade in Ch’ing China.”（《清代中国的食盐贸易》）*Modern Asian Studies* 17, no. 2 (1983): 197–219.

“Chili Sauce Empress.”（《辣酱女皇》）*Women of China.* January 13, 2011. http://www.womenofchina.com.cn/html/people/1163-1.htm.

《楚辞》，“中国哲学书电子化计划”，2006。https://ctext.org/chu-ci/qi-jian/zh.

《辞海》（缩印本），上海辞书出版社，1999。

Clunas, Craig. *Superfluous Things: Material Culture and Social Status in Early Modern China.*（《长物：近代物质文化与社会地位》）Urbana: University of Illinois Press, 1991.

Coe, Andrew. *Chop Suey: A Cultural History of Chinese Food in the United States.*（《来份杂碎：中餐在美国的文化史》）Oxford: Oxford University Press, 2009.

Columbus, Christopher. *The Diario of Christopher Columbus's First Voyage to America 1492–1493,*（《克里斯托弗·哥伦布首航美洲日记 1492—1493》）trans. Oliver Dunn and James E. Kelley, Jr. Norman: University of Oklahoma Press, [1493] 1988.

Counihan, Carole, and Penny Van Esterik. “Introduction to the Third Edition.”(《第三版绪论》）In *Food and Culture: A Reader,* ed. Carole Counihan and Penny Van Esterik, 1–16. New York: Routledge, 2013.

戴天章：《广瘟疫论》（1783 年），收入《续修四库全书》第 1003 册，上海古籍出版社，2002。

Dalby, Andrew. *Dangerous Tastes: The Story of Spices*(《危险的味道：香料的故事》). Berkeley: University of California Press, 2000.

Dennis, Joseph. *Writing, Publishing, and Reading Local Gazetteers in Imperial China, 1100–1700*（《1100—1700 年间中国地方志的写作、出版与阅读》）Harvard East Asia Monographs, no. 379.Cambridge, Mass.: Harvard University Asia Center, 2015.

Diamond, Norma. "Defining the Miao: Ming, Qing, and Contemporary Views."（《何为"苗人"：明代、清代与现当代人的认识》）In *Cultural Encounters on China's Ethnic Frontiers*, ed. Stevan Harrell, 92–115. Seattle: University of Washington Press, 1995.

Dott, Brian R. *Identity Reflections: Pilgrimages to Mount Tai in Late Imperial China*（《身份映像：中华帝国晚期的泰山进香》）. Harvard East Asia Monographs, no. 244. Cambridge,Mass.: Harvard University Asia Center, 2004.

段汝霖：《楚南苗志》（1758 年），收入"中国基本古籍库"（电子数据库），北京爱如生数字化技术研究中心，2009。

Dunlop, Fuchsia. *Land of Plenty: A Treasury of Authentic Sichuan Cooking*.（《丰腴之地：地道四川菜》）New York: Norton, 2001.

——. *Revolutionary Chinese Cookbook: Recipes from Hunan Province*.（《革命中餐食谱：湘菜》）New York: Norton, 2006.

Eberhard, Wolfram. *A Dictionary of Chinese Symbols*（《中国符号辞典》）. London: Routledge,1983.

Edwards, Louise. "Representations of Women and Social Power in Eighteenth Century China: The Case of Wang Xifeng."（《十八世纪中国的女性与社会权力的表达：王熙凤研究》）*Late Imperial China* 14, no. 1 (1993): 34–59.

——. "Women in Honglou meng: Prescriptions of Purity in the Femininity of Qing Dynasty China."(《〈红楼梦〉中的妇女：清代中国女性特征中的纯洁规范》）*Modern China* 16, no. 4 (1990):407–29.

Elisonas, Jurgis. "Christianity and the Daimyo."（《基督者与大名》）In *The Cambridge History of Japan*, vol. 4: Early Modern Japan, ed. John Whitney Hall,301–72. Cambridge: Cambridge University Press, 1991.

方有执：《伤寒论条辨》（1592 年），收入《景印文渊阁四库全书》第 775 册，台北商务印书馆，1983。

费伯雄：《医醇胜义》（1863 年），收入《续修四库全书》第 1006 册，上海古籍出版社，2002。

Freedman, Paul. *Out of the East: Spices and the Medieval Imagination*.（《出自东方：香料与中世纪的想象》）New Haven, Conn.: Yale University Press, 2008.

Freedman Paul, Joyce Chaplin, and Ken Albala, eds. *Food in Time and Place*.（《时间与空间中的食物》）Berkeley: University of California Press, 2014.

傅崇矩：《成都通览》（1909 年），巴蜀书社，1987。

傅青主：《傅青主女科》（约 1684 年），崇文书局，1869。

高濂：《草花谱》，见《遵生八笺》（1591 年），收入《四库全书珍本九集》第 230 册，台北商务印书馆，1979。

高濂：《饮馔服食笺》，见《遵生八笺》（1591 年），收入《四库全书珍本九集》第 229 册，台北商务印书馆，1979。

* 高濂：《遵生八笺》（1591 年，这是浙江最早记述辣椒的文献），收入《四库全书珍本九集》第 225—232 册，台北商务印书馆，1979。

高士奇：《北墅抱瓮录》（1690 年），收入《续修四库全书》第 1119 册，上海古籍出版社，2002。

Geng Junying, Huang Wenquan, Ren Tianchi, and Ma Xiufeng. *Practical Traditional Chinese Medicine and Pharmacology: Herbal Formulas*.（《实用中医方剂》）Beijing: New World Press, 1991.

Gentilcore, David. *Pomodoro!: A History of the Tomato in Italy*.（《波莫多罗！意大

利西红柿史》) New York: Columbia University Press, 2010.

顾禄:《清嘉录》(1830 年), 中国商业出版社, 1989。

顾仲:《养小录》(1698 年), 收入《丛书集成初编》, 第 1175 册, 中华书局, 1985。

郭麐:《樗园销夏录》(1820 年), 收入"中国基本古籍库"(电子数据库), 北京爱如生数字化技术研究中心, 2009。

Hanson, Marta E. *Speaking of Epidemics in Chinese Medicine: Disease and the Geographic Imagination in Late Imperial China.* (《中医传染病:中国帝制后期的疾病与地理想象》) New York: Routledge, 2011.

《汉语大词典》, 12 卷本, 汉语大词典出版社, 1988—1993。

《汉语大字典》(缩印本), 四川辞书出版社, 1993。

何纪光(演唱), 鲁颂(作曲), 谢丁仁(作词):《辣椒歌》, 收入《20 世纪中华歌坛名人百集珍藏版:何纪光》, 第 13 首, 中国唱片总公司, 1999。线上视频, 2017 年 6 月 4 日访问。https://www.youtube.com/watch?v=VQX4iUCmRwM.

何青、安狄:《辣椒与中国辣椒文化》,《辣椒杂志》2004 年第 2 期, 第 46—48 页。

Herman, C. Peter. "Effects of Heat on Appetite." (《热对食欲的影响》) In *Nutritional Needs in Hot Environments: Applications for Military Personnel in Field Operations*, ed.Bernadette Marriot, 178-213. Washington, D.C.: National Academy Press, 1993.

Hinrichs, T. J., and Linda Barnes, eds. *Chinese Medicine and Healing: An Illustrated History.* (《图说中医与治疗史》) Cambridge, Mass: Harvard University Press, 2013.

Ho, Ping-ti. "The Introduction of American Food Plants Into China." (《美洲粮食作物传入中国》) *American Anthropologist* 57, no. 2 (1955): 191–201.

——. *Studies on the Population of China, 1368–1953.* (《明初以降人口及其相关问题, 1368—1953》) Cambridge, Mass.:Harvard University Press, 1959.

Höllmann, Thomas O. *The Land of the Five Flavors: A Cultural History of Chinese Cuisine*, (《五味的国度：中国饮食文化史》) trans. Karen Margolis. New York: Columbia University Press, 2014.

Holtzman, Jon D. "Food and Memory." (《食物与记忆》) *Annual Review of Anthropology* 35 (2006): 361–78.

红森主编：《辣味美食与健身》，天津科技翻译出版公司，2005。

Hostetler, Laura. *Qing Colonial Enterprise: Ethnography and Cartography in Early Modern China*. (《清朝的殖民事业：早期近代中国的民族志与制图学》) Chicago: University of Chicago Press, 2001.

Hu, Shiu-ying. *An Enumeration of Chinese Materia Medica*. (《中药目录》) (Hong Kong:Chinese University of Hong Kong, 1980.

——. *Food Plants of China*. (《中华食用植物》) Hong Kong: Chinese University Press, 2005.

胡文焕：《食物本草》(约 1593 年)。

胡乂尹：《辣椒名称考释》，《古今农业》2013 年第 4 期，第 67—75 页。

黄凤池：《草本花诗谱》(1621 年)。

黄宫绣：《本草求真》(1773 年)，收入《续修四库全书》第 995 册，上海古籍出版社，2002。

Huang, H. T. *Science and Civilisation in China. Vol. 6: Biology and Biological Technology, Part 5: Fermentation and Food Science*. (《中国科学技术史》第六卷《生物学与生物技术》第五分册《发酵与食品科学》) Cambridge:Cambridge University Press, 2000.

Huang, Ray. "Ming Fiscal Administration." (《清朝财政管理》) In *The Cambridge History of China: The Ming Dynasty, 1368–1644 Part 2, vol. 8*, ed. Denis Twitchett and Frederick Mote, 106–71. Cambridge: Cambridge University Press, 1998.

黄宗羲:《南雷文定》(约1695年),收入“中国基本古籍库”(电子数据库),北京爱如生数字化技术研究中心,2009。

Hummel, Arthur W. *Eminent Chinese of the Ch'ing Period.*(《清代名人传略》) 2 vols. Taibei: Southern Materials, [1943] 1991.

《湖南人一生只做三件事:吃辣、读书、打天下》,2017年11月18日访问,https://kknews.cc/history/8xxyq94.html.

霍克:《辣椒湖南》,《生态经济》2003年第8期,第78—79页。

贾所学:《药品化义》(1644年),收入《续修四库全书》第990册,上海古籍出版社,2002。

蒋慕东、王思明:《辣椒在中国的传播及其影响》,《中国农史》2005年第2期,第17—27页。

蒋先明主编:《中国农业百科全书·蔬菜卷》,农业出版社,1990。

蒋仪:《药镜》(1641年),收入《四库全书存目丛书补编》,第42册,齐鲁书社,1997。

《芥子园画传》(1679年)。

Johnson, David, Andrew J. Nathan, and Evelyn S. Rawski, eds. *Popular Culture in Late Imperial China.*(《帝制晚期中国的通俗文化》) Berkeley: University of California Press, 1985.

Jullien, François. "The Chinese Notion of 'Blandness' as a Virtue: A Preliminary Outline,"(《中国以“温柔为美德”的认识:一个初步解释》) trans. Graham Parkes. *Philosophy East and West,* 43, no. 1 (1993): 107–11.

Kaptchuk, Ted. *The Web That Has No Weaver: Understanding Chinese Medicine.*(《无人编织的网:理解中医》) New York: Congdon and Weed, 1983.

Keay, John. *The Spice Route, a History.*(《香料之路:一部历史》) London: John Murray, 2005.

Kieschnick, John. “Buddhist Vegetarianism in China.”(《中国的佛教素食主义》) In *Of Tripod and Palate: Food, Politics, and Religion in Traditional China*, ed. Roel Sterckx,186–212. New York: Palgrave Macmillan, 2004.

Kopytoff, Igor. “Cultural Biography of Things: Commoditization as Process.” (《物的文化传记：商品化过程》) In *The Social Life of Things: Commodoties in Cultural Perspective*, ed. Arjun Appadurai, 64–92. Cambridge: Cambridge University Press, 1986.

蓝勇:《中国古代辛辣用料的嬗变、流布与农业社会发展》,《中国社会经济史研究》2000 年第 4 期, 第 13—23 页。

蓝勇:《中国饮食辛辣口味的地理分布及其成因研究》,《人文地理》2001 年第 5 期, 第 84—88 页。

Langlois, John D., Jr. “The Hung-wu Reign.” (《洪武朝》) In *The Cambridge History of China, vol. 7: The Ming Dynasty, 1368–1644, Part 1*, ed. Frederick W.Mote and Denis Twitchett. Cambridge: Cambridge University Press,1988.

Lary, Diana. *Chinese Migrations: The Movement of People, Goods, and Ideas Over Four Millennia*. (《中国人的迁移：四千多年以来的人口、商品与思想的运动》) Lanham, Md.: Rowman and Littlefield, 2012.

Lee, James, and Wang Feng. *One Quarter of Humanity: Malthusian Mythology and Chinese Realities, 1700–2000*. (《人类的四分之一：马尔萨斯的神话与中国的现实，1700—2000》) Cambridge, Mass.: Harvard University Press, 1999.

《楞严经》, 中华电子佛典协会，CBETA.org。

Leonard, Andrew. “Why Revolutionaries Love Spicy Food: How the Chili Pepper Got to China.” (《革命者为何喜欢吃辣：辣椒如何到达中国》) *Nautilus*, no. 35, April 14, 2016. http://nautil.us/issue/35/boundaries/why-revolutionaries-love-spicy-food.

李国英:《辣椒 辣椒产业 辣椒文化——关于望都辣椒产业发展的几点思考》,《探索与求实》2002 年第 9 期, 第 20—21 页。

李化楠:《醒园录》(1750年),收入《丛书集成初编》第1474册,中华书局,1991。

李时珍:《本草纲目》(1596年),收入《景印文渊阁四库全书》第772—774册,台北商务印书馆,1983年。

李时珍、赵学敏:《本草纲目》(和拾遗),张氏味古斋,1885。

李文炳:《经验广集》(1778年),中医古籍出版社,2009。

李文亮、齐强等编:《千家妙方》,上下册,解放军出版社,1982。

李文培:《食物小录》(1778年),收入《中国本草全书》第108册,华夏出版社,1999。

李行健主编:《现代汉语规范词典》,外语教学与研究出版社,2004。

李渔:《闲情偶寄》(1670年),上海古籍出版社,2000。

李中立:《本草原始》(1614年),收入《续修四库全书》第992册,上海古籍出版社,2002。

李中梓:《镌补雷公炮制药性解》(约1644年),收入《续修四库全书》第990册,上海古籍出版社,2002。

刘昌芝:《陈淏子》,见杜石然主编《中国古代科学家传记》下集,科学出版社,2009,第989—991页。

刘大器主编:《中国古典食谱》,陕西旅游出版社,1992。

刘国初:《湘菜盛宴》,岳麓书社,2004。

Lo, Kenneth. *Chinese Provincial Cooking* (《中国地方菜系》). London: Elm Tree, 1979.

逯耀东:《肚大能容:中国饮食文化散记》,台北大东图书公司,2001。

卢之颐:《本草乘雅半偈》(1645年),收入《景印文渊阁四库全书》第779册,台北商务印书馆,1983。

罗桂环:《来自异乡的作物:辣椒》,《科学月刊》2002年第12期,第1078—1080页。

《蛮辣湘菜》,DVD,中映映画,2012。

Mayo Clinic. "Drugs and Supplements: Hydroxychloroquine."(《药物和补充剂:羟氯喹》)Accessed February 10, 2017. http://www.mayoclinic.org/drugs-supplements/hydroxychloroquine-oral-route/description/drg-20064216.

Mazumdar, Sucheta. "The Impact of New World Food Crops on the Diet and Economy of China and India, 1600–1900."(《新大陆粮食作物对中国和印度日常饮食和经济的影响,1600—1900》)In *Food in Global History*, ed. Raymond Grew, 58–78. Boulder, Colo.: Westview, 1999.

孟元老:《东京梦华录》(1147年),"中国哲学书电子化计划",2006。https://ctext.org/wiki.pl?if=gb&chapter=804903&remap=gb.

Métailié, Georges. *Science and Civilisation in China, vol. 6: Biology and Biological Technology, Part 4: Traditional Botany: An Ethnobotanical Approach*,(《中国科学技术史》第六卷《生物学与生物技术》第四分册《传统植物学:民族植物学的研究》)trans. Janet Lloyd. Cambridge: Cambridge University Press, 2015.

缪希雍:《炮炙大法》(1622年),人民卫生出版社,1956。

缪希雍:《神农本草经疏》(1624年),收入《景印文渊阁四库全书》第775册,台北商务印书馆,1983。

缪希雍:《先醒斋医学广笔记》(约1627年),万叶出版社,1977。

Millward, James. "Chiles on the Silk Road."(《丝绸之路上的辣椒》)*Chile Pepper*, December 1993: 34–36, 41–42.

闵宗殿:《海外农作物的传入和对我国农业生产的影响》,《古今农业》1991年第1期,第1—10页。

Mote, Frederick W. "Yüan and Ming."(《元明时期》)In *Food in Chinese Culture: Anthropological and Historical Perspectives*, ed. K. C. Chang, 193–257. New Haven, Conn.: Yale University Press, 1977.

穆世锡:《食物辑要》(1607年),收入《中国本草全书》第63册,华夏出版社,1999。

Murray, Laura May Kaplan. "New World Food Crops in China: Farms,Food, and Families in the Wei River Valley, 1650–1910."(《中国的新大陆粮食作物：渭河流域的农田、食物与家庭，1650—1910》) Ph.D. dissertation, University of Pennsylvania, 1985.

南京中医学院医经教研组编著:《黄帝内经素问译释》,上海科学技术出版社,1981。

Nappi, Carla. *The Monkey and the Inkpot: Natural History and Its Transformations in Early Modern China.*(《猴子与墨水瓶：近代早期中国的自然史及其变迁》) Cambridge, Mass.: Harvard University Press, 2009.

Needham, Joseph. *Science and Civilisation in China, vol. 6: Biology and Biological Technology, Part 1: Botany.*(《中国科学技术史》第六卷《生物学与生物技术》第一分册《植物学》) Cambridge: Cambridge University Press, 1986.

Needham, Joseph, Nathan Sivin, and Gwei-Djen Lu. *Science and Civilisation in China, vol. 6: Biology and Biological Technology, Part 2: Medicine.*(《中国科学技术史》第六卷《生物学与生物技术》第二分册《医学》) Cambridge: Cambridge University Press, 2000.

Newman, Paul B. *Daily Life in the Middle Ages.*(《中世纪的日常生活》) Jefferson, N.C.: McFarland, 2001.

倪朱谟:《本草汇言》(1624年),收入《续修四库全书》第992册,上海古籍出版社，2002。

宁源:《食鉴本草》(约1590年),中国书店，1987。

纽文鳌:《本草明览》(1854年),收入《中国本草全书》第169册,华夏出版社,1999。

Norton, Marcy. "Tasting Empire: Chocolate and European Internalization of Mesoamerican Aesthetics."(《品味帝国：巧克力与欧洲对中美洲美学的内化》) *American Historical Review* 111,no. 3 (June 2006): 660–91.

Parasecoli, Fabio. “Food and Popular Culture.”(《食物与通俗文化》) In *Food in Time and Place*, ed. Paul Freedman, Joyce Chaplin, and Ken Albala, 322–39. Berkeley:University of California Press, 2014.

彭怀仁主编:《中医方剂大辞典》, 共 11 册, 人民卫生出版社, 1993。

Pilcher, Jeffery M. “Introduction.” (《引言》) In *Oxford Handbook of Food History*, ed.Jeffery M. Pilcher, xvii–xxviii. Oxford: Oxford University Press, 2012.

Porter, Edgar. *The People's Doctor: George Hatem and China's Revolution*.(《人民医生：马德海与中国革命》) Honolulu: University of Hawai'i Press, 1997.

Ptak, Roderich. “Ming Maritime Trade to Southeast Asia, 1368–1567: Visions of a System.” (《明朝与东南亚的沿海贸易：一种体系的认识，1368—1567》) In *China, the Portuguese, and the Nanyang: Oceans and Routes, Regions and Trade (c.1000–1600)*, by Roderich Ptak. Aldershot, UK: Ashgate Variorum, [1998] 2004.

钱实甫编:《清代职官年表》, 共 4 册, 中华书局, 1980。

钱允治:《食物本草》(1620 年), 收入《中国本草全书》第 67 册, 华夏出版社, 1999。

秦武域:《闻见瓣香录》(1793 年), 收入《丛书集成续编》第 88 册, 上海书店出版社, 1994。

* 屈大均:《广东新语》(1680 年, 这是广东最早记述辣椒的文献), 香港中华书局, 1974。

《全国中草药汇编》编写组编:《全国中草药汇编》, 上下册, 人民卫生出版社, 1988。

Quirino, Carlos, “The Mexican Connection: The Cultural Cargo of the Manila-Acapulco Galleons,”(《墨西哥联系：马尼拉 - 阿卡普尔科大帆船的文化承载》) paper presented at the Mexican-Philippine Historical Relations Seminar in New York City, June 21,1997. http://filipinokastila.tripod.com/FilMex.html.

Reid, Daniel. *Chinese Herbal Medicine*.(《中草药》) Boston: Shambhala, 1992.

Ridley, Henry N. *The Dispersal of Plants Throughout the World.* (《世界各地的植物传播》) Ashford, UK: L. Reeve, 1930.

Rozin, Paul, and Deborah Schiller. "The Nature and Acquistion of a Preference for Chili Pepper in Humans." (《人类偏好辣椒的性质与获取》) *Motivation and Emotion* 4, no. 1 (1980): 77–101.

Schafer, Edward. "T'ang." (《唐代》) In *Food in Chinese Culture: Anthropological and Historical Perspectives*, ed. K. C. Chang, 85–140. New Haven, Conn.:Yale University Press, 1977.

Scheid, Volker, Dan Bensky, Andrew Ellis, and Randall Barolet, comps.and trans. *Chinese Herbal Medicine: Formulas and Strategies.* (《中草药：配方与策略》) 2nd ed.Seattle: Eastland Press, 2015.

Schurz, William L. *The Manila Galleon.* (《马尼拉大帆船》) New York: Dutton, 1939.

沈连生主编:《本草纲目彩色图谱》, 华夏出版社，1998。

沈李龙:《食物本草会纂》，1691 年。

沈又彭:《女科辑要》(1850 年)，1862 年。

《食物本草》(约 1550 年)，内府本，收入《中国本草全书》第 27 册，华夏出版社，1999。

《食物本草》，1621 年。

水晶月光(笔名):《水晶月光·川味笔记》，浙江科学技术出版社，2014。

Simoons, Frederick. *Food in China: A Cultural and Historical Inquiry.* (《中国的食物：文化与历史的探究》) Boca Raton, Fla.: CRC Press, 1991.

Snow, Edgar. *Red Star Over China.* (《红星照耀中国》) New York: Modern Library, 1938.

宋应星:《野议》(1636 年)，上海人民出版社，1976。

宋祖英（演唱），鲁颂（作曲），谢丁仁（作词）：《辣椒歌》，收入《中国湖南民歌》，第2首，广东珠江音像出版社，1990。

宋祖英（演唱），徐沛东（作曲）、佘致迪（作词）：《辣妹子》，收入《经典精选》，第1首，广州新时代影音公司，1999。

Spence, Jonathan. "Ch'ing." (《清代》) In *Food in Chinese Culture: Anthropological and Historical Perspectives*, ed. K. C. Chang, 261–94. New Haven, Conn.: Yale University Press, 1977.

Stockard, Janice E. *Daughters of the Canton Delta: Marriage Patterns and Economic Strategies in South China, 1860–1930*. (《珠江三角洲的女儿：华南的婚姻模式与经济策略，1860—1930》) Stanford: Stanford University Press, 1989.

孙星衍辑：《神农本草经》（1799年），辽宁科学技术出版社，1997。

孙一奎：《医旨绪余》（1596年），收入《景印文渊阁四库全书》第766册，台北商务印书馆，1983。

Swislocki, Mark. *Culinary Nostalgia: Regional Food Culture and the Urban Experience in Shanghai*. (《饮食怀旧：地域美食文化与上海城市体验》) Stanford: Stanford University Press,2009.

Tagliacozzo, Eric. "A Sino-Southeast Asian Circuit: Ethnohistories of the Marine Goods Trade." (《中国 - 东南亚圈：海运货物贸易的民族历史》) In *Chinese Circulations: Capital, Commodities, and Networks in Southeast Asia*, ed. Eric Tagliacozzo and WenChin Chang, 432–54. Durham, N.C.: Duke University Press, 2011.

*《台海采风图考》（1746年，这是台湾最早记述辣椒的文献），收入《台湾史料汇编》第8册，全国图书馆文献缩微复制中心，2004。

太医院：《药性通考》（1849年），学苑出版社，2006。

汤显祖：《牡丹亭》（1598年），人民文学出版社，1978。

滕有德：《四川辣椒》，《辣椒杂志》2004年第1期，第6—9页。

Tewksbury, Joshua, and Gary Nabhan. "Directed Deterrence by Capsaicin in Chillies." (《辣椒中辣椒素的定向抑制作用》) *Nature*, no. 412 (2001): 403–4.

Tewksbury, Joshua, et al. "Evolutionary Ecology of Pungency in Wild Chilies." (《野生辣椒辣味的进化生态》) *Proceedings of the National Academy of Sciences* 105, no. 33 (2008): 11808–11.

* 田雯:《黔书》(1690 年, 这是贵州最早记述辣椒的文献), 收入《粤雅堂丛书》第 25 册, 台北艺文印书馆, 1965。

童岳荐(据传):《调鼎集》(约 1790 年), 中国纺织出版社, 2006。

屠粹忠:《三才藻异》, 1689 年。

屠道和:《本草汇纂》(1851 年), 收入《中国本草全书》第 139 册, 华夏出版社, 1999。

Turner, Jack. *Spice: The History of a Temptation*. (《香料:诱惑的历史》) New York: Vintage, 2004.

Unschuld, Paul. *Medicine in China: A History of Ideas*. (《中国医学: 一部思想史》) Berkeley: University of California Press, 1985.

"Vitamin A." (《维生素A》) In *Health Encyclopedia*. University of Rochester Medical Center. Accessed September 9, 2019. https://www.urmc.rochester.edu/encyclopedia/content.aspx?contenttypeid=19&contentid=VitaminA.

Wakeman, Frederic Jr. *The Great Enterprise: The Manchu Reconstruction of Imperial Order in Seventeenth-Century China*. (《洪业: 清朝开国史》) 2 vols. Berkeley: University of California Press, 1985.

Waley-Cohen, Joanna. "The Quest for Perfect Balance: Taste and Gastronomy in Imperial China." (《追求完美平衡: 中华帝国的品味与美食》) In *Food: A History of Taste*, ed. Paul Freedman, 99–133. Berkeley: University of California Press, 2007.

Walsh, Danielle. "When to Use Dried Chilies vs. Fresh vs. Powder vs.Flakes." (《何时使用干辣椒、鲜辣椒、辣椒面、辣椒粉》) *Bon Appétit*, March 3, 2014. http://

www.bonappetit.com/test-kitchen/cooking-tips/article/how-to-use-chiles。

汪昂:《增补本草备要》(1690年),广益书局,约1920。

汪昂:《增订本草备要》(1694年),收入《续修四库全书》第993册,上海古籍出版社,2002。

汪绂:《医林纂要探源》(1758年),江苏书局,1897。

Wang, Hongjie. "Hot Peppers, Sichuan Cuisine and the Revolutions in Modern China." (《近代中国的辣椒、川菜与革命》) *World History Connected* 12, no. 3 (October 2015).

https://worldhistoryconnected.press.uillinois.edu/12.3/wang.html。

王肯堂:《证治准绳》(1596年),收入《景印文渊阁四库全书》第767—771册,台北商务印书馆,1983。

* 王路:《花史左编》(1617年,这是安徽最早记述辣椒的文献),收入《续修四库全书》第1117册,上海古籍出版社,2002。

王茂华、王曾瑜、洪承兑:《略论历史上东亚三国辣椒的传播:种植与功用发掘》,(韩国)《中国史研究》第101辑(2016年4月),第287—330页。

汪启贤:《食物须知》(1696年),收入《中国本草全书》第100册,华夏出版社,1999。

王思明:《美洲原产作物的引种栽培及其对中国农业生产结构的影响》,《中国农史》2004年第2期,第16—27页。

王士雄:《随息居饮食谱》(1863年),中国商业出版社,1985。

王象晋:《群芳谱》(1621年),收入《四库全书存目丛书补编》,第80册,齐鲁书社,1997。

文二毛:《毛泽东的饮食观:不吃辣椒不革命》,人民网,2010年11月21日(《人民日报》发表),http://history.people.com.cn/GB/198593/13272886.html。

Wilbur, Marguerite Eyer. *The East India Company and the British Empire in the Far East*. (《东印度公司与远东的大英帝国》) New York: Smith, 1945.

Wilkinson, Endymion. *Chinese History: A New Manual*. (《中国历史研究手册》) Cambridge, Mass.: Harvard University Asia Center, 2013.

Williams, C. A. S. *Outlines of Chinese Symbolism & Art Motives*. (《中国象征主义与艺术动机概论》) New York:Dover, [1941] 1976.

Wilson, Thomas. "Sacrifice and the Imperial Cult of Confucius." (《祭祀与帝王对孔子的崇拜》) *History of Religions* 41, no. 3 (2002): 251–87.

吴道源:《痢证汇参》(1773 年), 收入《续修四库全书》第 1004 册, 上海古籍出版社，2002。

吴谦等:《医宗金鉴》(1743 年), 收入《景印文渊阁四库全书》第 780—782 册, 台北商务印书馆，1983。

吴其濬:《植物名实图考》，1848 年。

吴瑭:《问心堂温病条辨》(1813 年), 收入《续修四库全书》第 1004 册, 上海古籍出版社，2002。

吴文炳:《药性全备食物本草》(1593 年), 收入《中国本草全书》第 77 册, 华夏出版社，1999。

吴省钦:《白华前稿》，1783 年。

吴贻谷、宋立人总编:《中华本草》, 全 10 册, 上海科学技术出版社，1998。

Wu, Yi-Li. "The Qing Period." (《清代》) In *Chinese Medicine and Healing: An Illustrated History*, ed. T. J. Hinrichs and Linda Barnes, 161–207. Cambridge, Mass.: Harvard University Press, 2013.

吴仪洛:《本草从新》(1757 年), 收入《续修四库全书》第 994 册, 上海古籍出版社，2002。

吴有性:《瘟疫论》(1642 年),收入《景印文渊阁四库全书》第 779 册,台北商务印书馆,1983。

Wu Zhengyi and Peter H. Raven, eds. *Flora of China, vol.17: Verbenaceae Through Solanaceae.*(《中国植物》第 17 卷《从“茄科”至“马鞭草科”》) St. Louis: Missouri Botanical Garden, 1994.

Wu Zhengyi, Peter H. Raven, and Hong Deyuan, eds. *Flora of China,vol. 11: Oxalidaceae Through Aceraceae.*(《中国植物》第 11 卷《从“槭树科”至“酢浆草科”》St. Louis: Missouri Botanical Garden, 2008.

武之望:《重订济阴纲目》(1620 年),无出版地,1728。

夏曾传:《随园食单补证》(约 1883 年),中国商业出版社,1994。

萧三编:《革命民歌集》,中国青年出版社,1959。

徐大椿:《兰台轨范》(1764 年),收入《景印文渊阁四库全书》第 785 册,台北商务印书馆,1983。

徐大椿:《神农本草经百种录》(1736 年),收入《景印文渊阁四库全书》第 785 册,台北商务印书馆,1983。

徐珂:《清稗类钞》(1916 年),共 13 册,中华书局,1984—1986。

徐文弼:《新编寿世传真》(1771 年),收入《续修四库全书》第 1030 册,上海古籍出版社,2002。

严洁:《得配本草》(1761 年),上海科学技术出版社,1965。

杨崇魁:《本草真诠》(1602 年),收入《中国本草全书》第 63 册,华夏出版社,1999。

杨璿:《伤寒温疫条辨》(1785 年),收入《续修四库全书》第 1004 册,上海古籍出版社,2002。

杨旭明:《湖南辣椒文化的内涵及其整合开发策略》,《衡阳师范学院学报》2013 年第 5 期(2013 年),第 171—173 页。

Yao Huoshu and Christina Lionnent. "Hunan's 'Spicy' Women." (《湖南辣妹子》) *Women of China (English Monthly)*, no. 9 (2004): 26–29.

姚可成:《食物本草》(1642 年), 人民卫生出版社, 1994。

姚旅:《露书》(1611 年), 收入《续修四库全书》第 1132 册, 上海古籍出版社, 2002。

李睟光:《芝峰类说》(1614 年), 南晚星注, 共 2 册, 首尔乙酉文化社, 1994。

Yü, Ying-shih. "Han." (《汉代》) In *Food in Chinese Culture: Anthropological and Historical Perspectives*, ed. K. C. Chang, 53–83. New Haven, Conn.: Yale University Press, 1977.

袁枚:《随园食单》(1790 年), 收入《续修四库全书》第 1115 册, 上海古籍出版社, 2002。

"Zanthoxylum simulans." *The Plant List*. (《植物名单 · 花椒》) Accessed March 6, 2017. http://www.theplantlist.org/tpl1.1/record/kew-2469033.

Zelin, Madeleine. *The Merchants of Zigong: Industrial Entrepreneurship in Early Modern China*. (《自贡商人:近代早期中国的企业家》) New York: Columbia University Press, 2005.

曾懿:《中馈录》(1907 年), 中国商业出版社, 1984。

张撝之等主编:《中国历代人名大辞典》, 上下册, 上海古籍出版社, 1999。

张介宾:《景岳全书》(1624 年), 收入《景印文渊阁四库全书》第 777—778 册, 台北商务印书馆, 1983。

张介宾:《类经》(约 1640 年), 收入《景印文渊阁四库全书》第 776 册, 台北商务印书馆, 1983。

张介宾:《食物本草》(1624 年), 收入《中国本草全书》第 67 册, 华夏出版社, 1999。

张璐:《本经逢原》(1695 年), 收入《续修四库全书》第 994 册, 上海古籍出版社, 2002。

张懋辰:《本草便》(1587年),收入《中国本草全书》第57册,华夏出版社,1999。

章穆:《调疾饮食辩》(1823年),中医古籍出版社,1999。

张其淦:《明代千遗民诗咏》(1929年),收入周骏富辑《清代传记丛刊》,第66—67册,台北明文书局,1986。

张仁锡:《药性蒙求》(1856年),收入《中国本草全书》第139册,华夏出版社,1999。

张廷玉等编:《明史》,"汉籍全文资料库",http://hanchi.ihp.sinica.edu.tw/ihp/hanji.htm。

张玉书等编,渡部温订正,严一萍校正:《校正康熙字典》,台北艺文印书馆,1965。

张志聪:《本草崇原》(约1674年),中国中医药出版社,1992。

张之杰:《台海采风图考点注》,收入《中华科技史学会丛刊》第1册,新北中华科技史学会,2011。

赵其光:《本草求原》(1848年),收入《岭南本草古籍三种》,中国医药科技出版社,1999。

赵学敏:《本草纲目拾遗》(1803年),收入《续修四库全书》第994—995册,上海古籍出版社,2002。

《珍存秘方》,无出版地,约1900。

郑奠一:《瘟疫明辨》(1752年),收入《续修四库全书》第1003册,上海古籍出版社,2002。

郑全望:《瘴疟指南》(1609年),收入《续修四库全书》第1003册,上海古籍出版社,2002。

郑玄校:《仪礼》,见《十三经》(1815年版),收入"汉籍全文资料库",http://hanchi.ihp.sinica.edu.tw/ihp/hanji.htm。

郑褚、藏小满:《川菜是怎样变辣的?》,《国学》2009 年第 4 期, 第 56—68 页。

支伟成:《清代朴学大师列传》(1924 年), 收入周骏富辑《清代传记丛刊》第 12 册, 台北明文书局, 1986。

《中国农业百科全书》, 农业出版社, 1995。

《中国谁最不怕辣?》,《中国辣椒》2002 年第 4 期, 第 23 页。

中国社会科学院语言研究所编:《现代汉语词典》, 商务印书馆, 2012。

《中医常用草药中药方剂手册》, 香港医药卫生出版社, 1972。

《中药学》, 2015 年 5 月 13 日访问, http://www.zysj.com.cn/lilunshuji/zhongyaoxue/index.html。

周扬俊:《温热暑疫全书》(1679 年), 收入《续修四库全书》第 1004 册, 上海古籍出版社, 2002。

朱本中:《饮食须知》(1676 年), 收入《中国本草全书》第 63 册, 华夏出版社, 1999。

朱彝尊:《食宪鸿秘》(1680 年), 中国商业出版社, 1985。

邹澍:《本经疏证》(1849 年), 收入《续修四库全书》第 993 册, 上海古籍出版社, 2002。